工业设计专业系列教材

U0725717

人工智能辅助产品创新设计

王震亚　李淑江　丁媛媛　**主编**

电子工业出版社·
Publishing House of Electronics Industry
北京·BEIJING

内 容 简 介

人工智能作为新质生产力的典型代表,正在颠覆传统的设计范式。本书深入讲解了人工智能辅助设计的基础知识与核心技术,旨在帮助设计师和工业设计、产品设计专业学生更好地利用人工智能提升设计效率和创新能力,并激发他们对人工智能辅助设计的探索精神。

全书共分为五章,内容涵盖人工智能生成内容(AIGC)在产品设计中各个阶段的运用,包括市场调研、创意构思、设计优化以及未来发展趋势等方面。书中详细介绍了 Midjourney、Stable Diffusion 等多种人工智能工具和平台。这些工具和平台能够帮助设计师快速生成设计概念、图像和模型。此外,书中还探讨了人工智能在智能家居、智能健康监测等领域的应用案例,展示了人工智能如何推动产品设计的创新和个性化发展。

本书注重理论与实践相结合,语言简洁,内容丰富,可以作为课堂教学的教材,也可以为学生自主学习提供参考,能够为教师教学和学生学习提供有力的支持。

图书在版编目(CIP)数据

人工智能辅助产品创新设计 / 王震亚,李淑江,丁媛媛主编. -- 北京 : 电子工业出版社,2025. 8.
ISBN 978-7-121-51163-9

Ⅰ. TB472-39

中国国家版本馆CIP数据核字第2025J4G149号

责任编辑:赵玉山　　文字编辑:杜　皎
印　　刷:北京宝隆世纪印刷有限公司
装　　订:北京宝隆世纪印刷有限公司
出版发行:电子工业出版社
　　　　　北京市海淀区万寿路173信箱　　邮编:100036
开　　本:787×1092　1/16　印张:9.25　字数:237千字
版　　次:2025 年 8 月第 1 版
印　　次:2025 年 8 月第 1 次印刷
定　　价:59.00 元

前言

　　人工智能技术的快速发展正在深刻改变设计领域的面貌。过去十年间，从平面视觉的自动化生成到三维建模的智能化突破，人工智能技术进化速度加快。生成式人工智能的兴起标志着人工智能技术应用从辅助决策向主动创造的跨越，其输出内容已涵盖图像、文本乃至音乐。在设计实践中，这类技术已经显现出独特价值——例如，某些生成式人工智能可在数秒内生成达到专业设计师水准的视觉方案。

　　然而，人工智能的设计能力仍然受限于当前的技术框架。它在平面视觉表现上堪称精锐，但在创意构思、文化解读与情感共鸣等维度尚未突破。例如，人工智能可以快速生成千张海报，却难以理解"文质彬彬，然后君子"中功能与形式的哲学平衡。从某种意义上说，人工智能的进化是由逻辑驱动的，而人类创造力源于对生活的感知与表达。

　　关于机器创造力的讨论，始终伴随着技术的发展。若将创造定义为突破既有模式并生成新方案的过程，那么人工智能确实通过算法实现了这种能力。但是，需要明确的是，这种创造在本质上是数据重组运算，缺乏人类特有的情感体验与价值判断。设计师的灵感往往源于旅行见闻、社会观察或文化浸润，这些经验转化而成的设计温度与叙事深度，正是当前人工智能难以企及的领域。因此，人工智能的创造力更像人类技术能力的镜像投射，同时凸显出人性特质的不可替代性。

　　在效率至上的工业时代，标准化曾经是设计的黄金法则。密斯·凡德罗的"少即多"（less is more）一度成为现代主义的宣言。然而，当人们的物质需求逐渐趋于饱和时，个性化与多元化开始主导未来。设计的核心正从解决问题转向定义价值，并聚焦于以下三个维度。

1．文化根脉的延续

　　中国五千年文明为设计提供了丰沃的土壤。孔子的文质观揭示了功能与形式的辩证关系，老庄哲学中的天人合一则暗含可持续设计理念。未来，人工智能可以作为文化解码的工具，帮助设计师从传统中提取符号，但唯有人类能赋予其时代意义。

2. 社会问题的应答

全球气候变化、老龄化危机、数字伦理等新挑战，要求设计超越美学层面，成为社会创新的引擎。设计师需要借助人工智能与大数据，直面本土化问题。例如，通过模拟森林消防员需求的人工智能工具，学生能够在无真实样本的情况下完成用户研究，加速解决方案的落地。

3. 生活方式的革新

从爱迪生的电灯到保罗·汉宁森的 PH 灯具，每次技术突破都伴随生活方式的迭代。未来，智能化设计需要平衡科技便利与人文关怀。无论是可降解材料的应用，还是产品生命周期的优化，设计师必须成为科技与人性之间的翻译者。

在人工智能的冲击下，设计师的职能正在经历结构性转变。在传统教育中，大多数时间用于技法训练，而非创意构思，而人工智能将彻底改变这一现象。当表达门槛被技术抹平时，设计师的核心竞争力转向发现问题与定义价值。借助文生图工具，普通人也能将创意可视化。但是，这并非职业设计师的终结，而是其价值的升华——当设计实现"民主化"（democratize）表达时，专业设计师的角色将转向创意策源者与系统构建者。

历史上，每次技术革命都伴随阵痛。19 世纪的纺织工人曾经视蒸汽机为威胁，最终工业革命催生了更复杂的社会分工。人工智能与设计的关系也将遵循相似的轨迹：将低创意、高重复的任务交给机器，而人类聚焦探索性、情感化的领域。这种分工并非割裂，而是人类与机器协同进化。未来，人工智能可能成为设计师的超级助手——快速生成方案原型，而人类则负责赋予其意义与温度。

人工智能的浪潮不可逆转，但其本质仍然是工具。无论是密斯·凡德罗提出的"少即多"，还是我更倡导的"开放即多"（open is more），设计的终极使命始终未变——服务于人，创造更美好的生活。

在本书中，我们将解析人工智能如何赋能产品创新全流程，着重探讨人机协同的设计范式。本书并非技术手册，而是一份面向未来的答卷，我们期待通过面向未来的思考，助力设计从业者在技术洪流中坚守人文精神，让设计继续创造传递希望与更多可能性的美好生活方式。

2025 年 1 月

目　录

第 1 章

绪论

1.1　产品创新设计概述 …………… 001

■ 1.1.1　产品创新设计的意义和
　　　　价值 ……………………… 001

■ 1.1.2　产品创新设计的流程 ……… 003

1.2　人工智能概述 ………………… 008

■ 1.2.1　人工智能发展历程 ……… 009

■ 1.2.2　人工智能发展现状 ……… 011

1.3　人工智能在产品创新设计中的
　　应用 ……………………………… 013

■ 1.3.1　人工智能与产品设计 ……… 013

■ 1.3.2　人工智能辅助产品创新设计
　　　　工具 …………………… 015

思考题 …………………………… 017

第 2 章

人工智能辅助设计调研与分析

2.1　市场调研 ……………………… 018

■ 2.1.1　市场调研方法概述 ………… 018

■ 2.1.2　传统市场调研方法面临
　　　　挑战 …………………… 020

■ 2.1.3　人工智能提效市场调研 …… 022

2.2　人工智能数据驱动产品分析 … 028

■ 2.2.1　数据驱动产品分析 ……… 028

■ 2.2.2　数据驱动产品分析案例 …… 028

2.3　产品（用户）需求分析 ……… 039

■ 2.3.1　传统需求分析面临挑战 …… 039

■ 2.3.2　人工智能辅助用户需求
　　　　洞察 …………………… 043

■ 2.3.3　数据驱动的产品需求分析和
　　　　用户画像构建案例 ……… 047

思考题 …………………………… 050

实践题 …………………………… 051

第 3 章

人工智能辅助设计创意构思与生成

3.1　产品定义 ……………………… 052

■ 3.1.1　产品定义的重要性与挑战 … 052

■ 3.1.2　人工智能驱动产品定义 …… 057

■ 3.1.3　人工智能赋能产品定义
　　　　案例 …………………… 065

3.2　人工智能辅助创意生成 ……… 072

■ 3.2.1 传统创意设计方法 ············ 072

■ 3.2.2 人工智能在创意生成中的
应用方法 ················ 076

■ 3.2.3 基于人工智能的自动化设计
工具和案例 ············ 079

思考题 ·················· 087

实践题 ·················· 087

第4章

人工智能辅助设计优化与验证

4.1 产品设计优化 ············ 088

■ 4.1.1 传统产品设计优化方法 ······ 089

■ 4.1.2 人工智能辅助产品设计
优化 ················ 093

■ 4.1.3 使用人工智能进行产品
设计优化的案例 ········ 097

4.2 设计评估和用户体验 ········· 109

■ 4.2.1 设计评估方法 ········· 109

■ 4.2.2 人工智能改善用户体验的
方法 ················ 115

■ 4.2.3 基于数据的用户体验设计和
设计评估案例 ········ 117

思考题 ·················· 124

实践题 ·················· 124

第5章

人工智能在工业设计领域面临的挑战与发展

5.1 人工智能与设计师的合作 ······ 127

■ 5.1.1 人工智能与设计师的合作
模式 ················ 127

■ 5.1.2 人工智能在工业设计中的
应用趋势 ············ 128

5.2 人工智能与设计伦理 ······ 131

■ 5.2.1 隐私问题 ············ 131

■ 5.2.2 不公平和偏见 ········ 131

■ 5.2.3 就业和社会影响 ······ 132

■ 5.2.4 责任和透明度 ········ 132

■ 5.2.5 适用领域和限制 ······ 133

■ 5.2.6 道德冲突 ············ 133

■ 5.2.7 用户教育 ············ 134

5.3 人工智能在工业设计领域的
发展趋势和前景 ·········· 134

■ 5.3.1 人工智能应用趋势 ······· 135

■ 5.3.2 我国人工智能领域的
发展现状 ············ 136

■ 5.3.3 人工智能与设计师的协同
工作原则 ············ 137

思考题 ·················· 138

后记 ···················· 139

第 1 章

绪论

党的二十大报告指出，推动战略性新兴产业融合集群发展，构建人工智能等一批新的增长引擎。人工智能（artificial intelligence，AI）必须与产品设计更密切地结合，人工智能的重要性和广泛应用正在成为一个热门话题，了解和掌握人工智能在设计中的应用将对专业发展产生积极的影响。

1.1 产品创新设计概述

产品创新设计是指在产品开发过程中，基于市场需求和对用户体验的考虑，通过采用创造性的思维和方法，设计出独特的、具有竞争力和高附加值的产品。它旨在通过引入新的概念、技术、材料和功能等，满足消费者的需求，提高产品的市场占有率和企业的竞争力。创新是企业应对市场竞争的必然选择，是企业生产经营的重要组成部分。好的创意和设计不仅能够提升产品的功能品质，实现绿色制造，提升产品的市场竞争力和附加值，还能创造、引领新的市场需求和产业发展方向。

1.1.1 产品创新设计的意义和价值

产品创新设计对企业和整个社会都具有重要性和价值，可以提升产品的竞争力和用户满意度，创造商业机会，推动行业发展，满足不断变化的用户需求。因此，产品创新设计应该被视为企业战略中不可或缺的一环。

产品创新设计可以帮助企业发现和开拓新的市场机会。通过观察市场趋势、用户行为和需求变化,设计师可以创造出符合新兴市场需求的产品。产品创新设计可以为产品增加附加价值,为企业带来更高的利润和回报。通过引入新的功能、特性或技术,产品可以具备更高的实用性、便利性或美观性,从而提升其市场价值和用户满意度。

产品创新设计的首要目标是满足用户的需求和期望。设计师通过产品创新设计,可以提供更好的用户体验,解决用户存在的问题。满足用户需求是产品成功的关键因素之一。产品不断更新迭代可以更好地满足用户的需求,解决用户存在的问题,并进一步提高用户的生活质量。

产品创新设计不仅对企业有益,对整个行业的发展也具有推动作用。通过不断引入产品创新设计,行业可以保持活力。新技术、新材料和设计方法的应用可以推动行业发展,并带来更多的商业机会和就业岗位。

图 1-1 ~ 图 1-3 为产品创新设计案例。

图 1-1　苹果 iPod 系列

图 1-2　苹果增强现实眼镜 Vision Pro

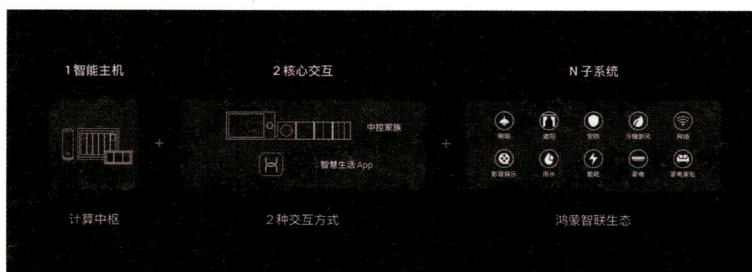

图 1-3　华为全屋智能 4.0

1.1.2 产品创新设计的流程

产品创新设计通常包括多个阶段，每个阶段都有特定的内容和目标，如图 1-4 所示。设计团队需要合理规划和安排每个阶段的工作，确保顺利推进产品创新设计工作。

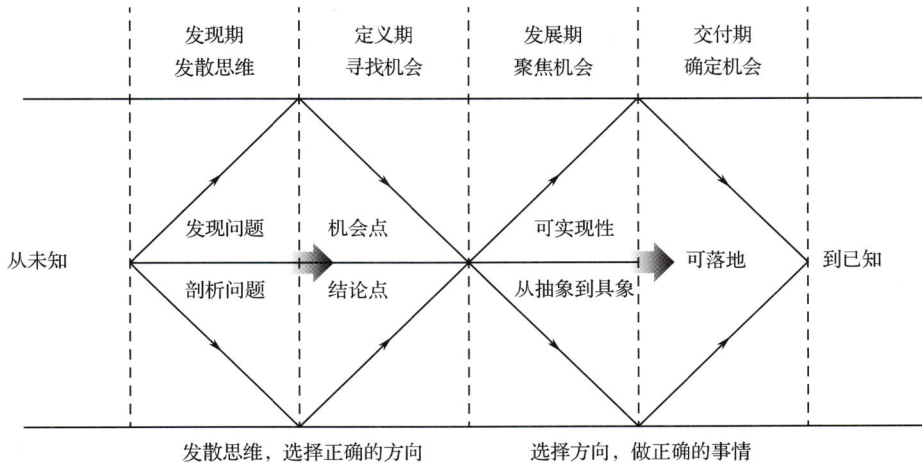

图 1-4 产品创新设计（双钻模型）

1. 问题定义和需求分析

这个阶段主要通过识别用户需求和市场趋势，进行竞争分析和市场调研，进而确定设计目标和约束条件。这个阶段主要包括以下工作内容。

（1）用户调研与观察。

设计师需要深入了解目标用户群体，通过采取访谈、观察等手段，搜集用户需求，评估用户体验，发现潜在问题。创建用户角色是这一过程的关键环节，它能够帮助设计师与用户产生共鸣，为关键受众群体制定切实可行的方案。此外，采取市场调研、竞争产品分析等方法，搜集信息和数据，有助于设计师深入了解用户的真实需求。

（2）需求搜集与整理。

在问题定义和需求分析阶段，设计师需要搜集并整理从用户及其他信息源获取的用户需求。这些需求既包括功能性需求（如产品具体功能和性能需求），又包括非功能性需求（如用户体验、美学和可持续性需求等）。

（3）用户故事与场景设计。

设计师可以通过编写用户故事和设计场景，深入了解用户需求和体验，从而指导产品功能和界面设计，如图 1-5 所示。例如，"作为一个购物者，我想浏览商品信息，以便了解产品详情和价格"。这种简洁的表达方式有助于设计师更好地把握用户的行为、动机和情感，进而设计出更贴合用户需求的产品。

（4）问题分析与定义。

在问题定义和需求分析阶段，设计师需要对搜集到的需求进行分析和整理，明确产品要解决的核心问题。当对问题有了更深入的理解时，设计师可以将核心用户问题转化为机会，这一步骤有助于明确工作目标。通过对需求的归纳和总结，设计师能够确保设计方向与用户需求保持一致。

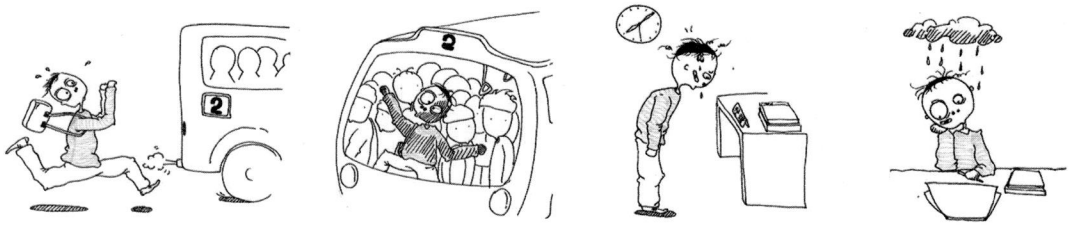

图1-5 故事板

通过采取上述方法，设计师可以清晰定义产品存在的问题和用户需求，确保设计方向与用户需求相符，为后续的产品设计和开发提供有力的指导。

2. 创意生成和概念开发

这个阶段使用创意工具和方法（如头脑风暴）产生创意，进行概念筛选和评估，完成设计概念草图。

（1）头脑风暴。

头脑风暴是一种集体创意生成方法，通过鼓励团队成员自由提出想法、概念和解决方案，使大量创意涌现。在头脑风暴中，没有限制和评判，所有的想法都被接受和记录下来，以激发更多的创新思考。例如，当特定主题为"改进城市交通方式"时，生成的解决方案可以包括增设自行车道网络、推广共享电动车服务、发展电动车充电基础设施、开展轻轨快速交通项目、提供更多绿色交通选择等。当然，头脑风暴是不限形式的，可以用文字举例，也可以画图。

（2）非线性思维。

非线性思维是一种打破常规思维模式的方法，它并不依赖直接因果关系或顺序推理，而是通过寻找不同的观点，进行联想和类比，激发新的创意。非线性思维可以通过"为什么不？""如果……会发生什么？"等提问方式来推动创新思维的产生。

（3）创意工具和软件。

一些专门用于创意生成和概念开发的工具，如思维导图、创意卡片、概念绘图软件等，可以帮助设计师组织思维，探索不同的创意路径，并将创意转化为可视化的概念。

（4）草图绘制。

草图可以帮助设计师展开不同的设计思路，给设计师带来拓展思路的空间，衍生出更多、更好的设计方案。设计师绘制草图时，参考问题定义和用户旅程映射图，来构筑问题空间，定义工作范围。设计师通过手绘草图可以进行各种可能性探索，继而不断筛选、深化与发展设计方案，使创意构思逐渐成形。

手绘草图，如图1-6所示。

3. 原型制作与测试

这个阶段主要通过对潜在解决方案的有形表示来获得早期用户反馈。在这个阶段，设计师制作具体的产品原型，并进行测试和验证。通过对产品原型的制作和测试，设计师可以获得用户反馈，发现产品潜在问题，并进行改进和优化。这个阶段主要包括以下工作内容。

（1）低保真原型制作。

使用简单的工具和材料，如纸张、黏土、泡沫板等，制作初步的产品原型。这些原型主要用于表达产品的外形、结构和功能，如图1-7所示。

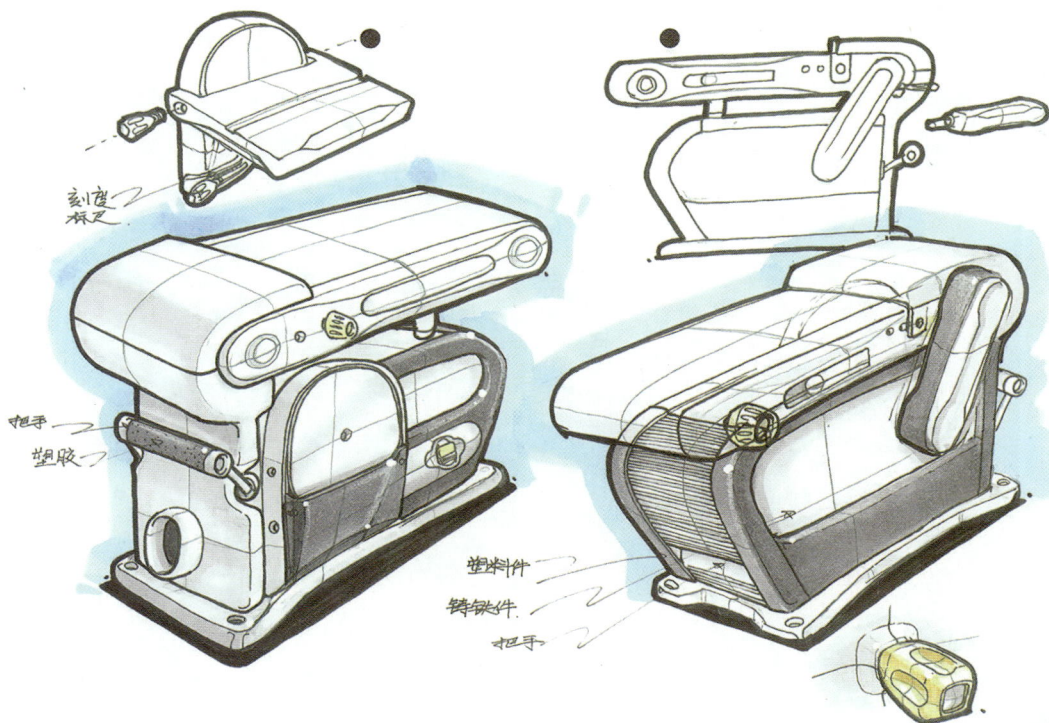

图 1-6　手绘草图

刻度
探足

把手
塑胶

塑料件
铸铁件
把手

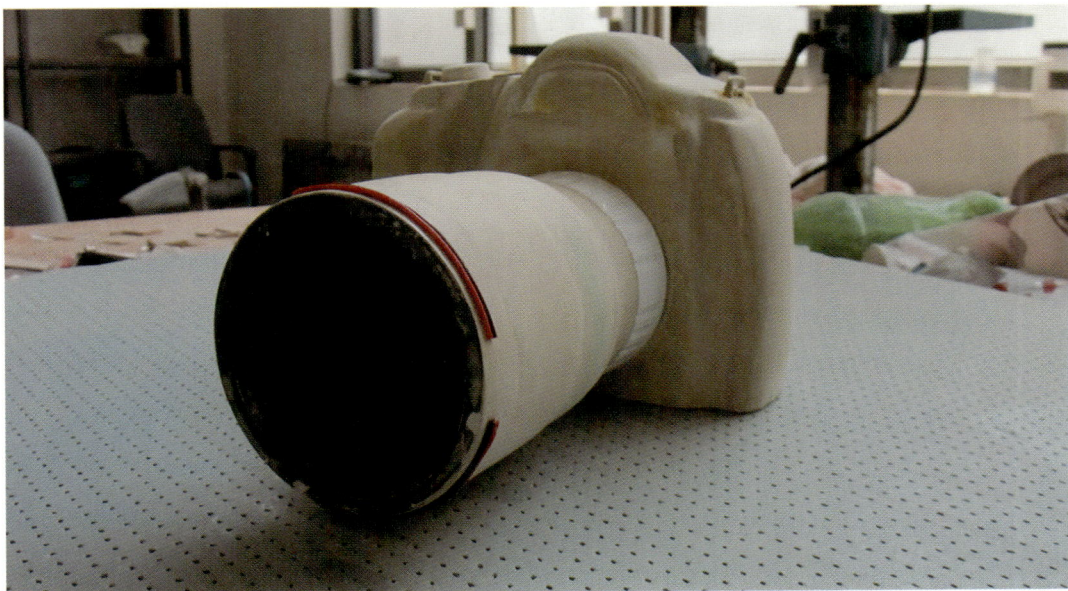

图 1-7　低保真原型

（2）高保真原型制作。

使用计算机辅助设计软件和 3D 打印机等工具，制作更精确、更真实的产品原型。这些原型可以更好地展示产品的细节和特点，如图 1-8 所示。

图 1-8　高保真原型

（3）用户测试。

确定测试的问题和目标，如产品的易用性、功能性、可靠性等。根据产品的目标用户群体，招募合适的测试用户参与测试活动。设定测试的场景和任务，让用户在实际使用过程中测试产品，并观察用户在测试过程中的行为、反应和意见，做好记录。

（4）搜集用户反馈。

通过访谈、问卷调查等方式，搜集用户对产品的反馈和建议。通过用户测试搜集到的数据和反馈，分析产品存在的问题、改进的空间和优势。

通过原型制作与测试阶段，设计师可以快速验证产品的概念是否可行，搜集用户反馈，发现潜在的问题，进行改进和优化。这一阶段的工作有助于设计师更好地了解用户需求，优化产品功能和用户体验，为最终的产品设计奠定基础。

4．设计优化与细化

在这个阶段，设计师根据用户反馈和测试结果，对产品进行进一步的优化和细化。设计师需要不断地进行设计与讨论，同时通过阶段化的产品草模打样来感受实际的产品。在此基础上，设计师对产品各个细节和功能进行反复推敲与锤炼，在产品形态、功能、材料、用户体验等方面进行优化。

（1）识别问题与机会。

根据用户反馈，识别产品中存在的问题和改进的机会。将用户的需求和期望与设计目标进行对比，确定哪些方面需要改进或优化，以提高产品的功能性、易用性和用户体验。

（2）功能调整。

根据用户反馈，对产品的功能进行调整和优化。这可能涉及改变产品的特性、增加或减少某些功能，或者重新设计产品的交互流程和界面布局。

（3）优化用户体验。

根据用户反馈，优化产品的用户体验。这包括改进产品的界面设计、交互细节、反馈机制、导航流程等，以确保用户能够更轻松、更愉悦地使用产品。

（4）迭代和再测试。

根据设计调整和优化，进行产品原型迭代和再次测试。通过重复测试和优化循环，逐步改进产品，并确保改进的效果符合用户期望和设计目标。

（5）完善细节。

根据用户反馈和测试结果，完善产品的细节。注意产品的细节设计，如图标、标签、字体、颜色等，以提高产品的整体品质和用户体验。

设计师应该将用户的反馈视为宝贵的信息和指引，用于指导产品优化和细化工作；通过不断测试和改进，逐步完善产品设计，提高产品质量和竞争力。

图 1-9 为驾驶室仪表盘眼动实验。

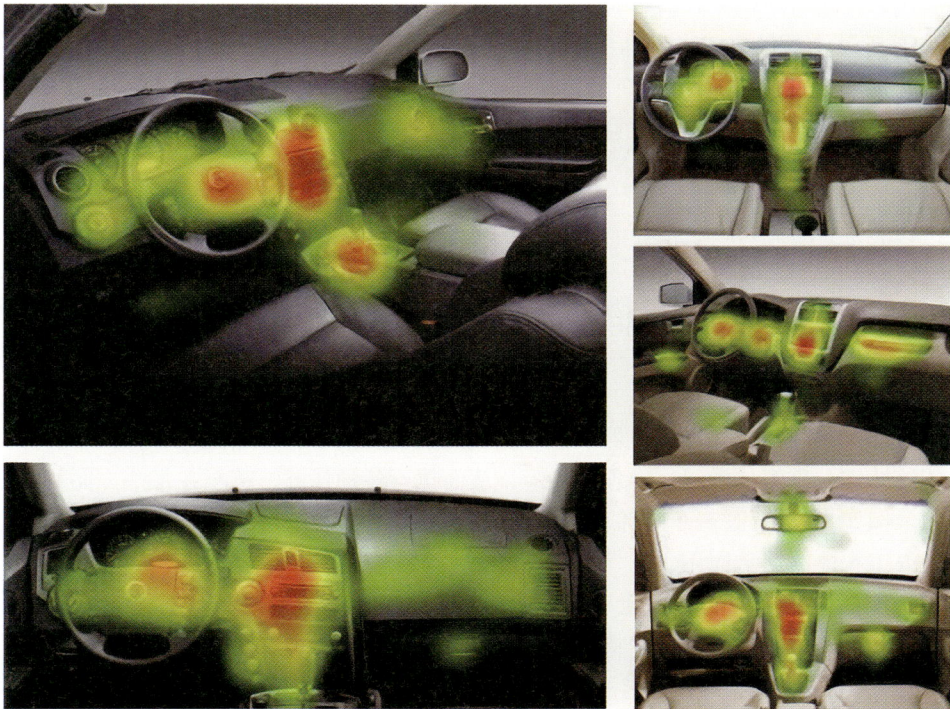

图 1-9　驾驶室仪表盘眼动实验

5．生产准备与实施

在这个阶段，设计师需要协助工程师进行产品生产准备工作，并与相关供应商和制造商进行合作。

（1）详细规划生产流程。

设计师需要与制造团队紧密合作，详细规划产品生产流程。这包括确定所需材料、工艺和制造设备，制订生产计划和时间表，以确保生产过程顺利进行。

（2）完善技术细节和工程图纸。

设计师需要进一步完善产品技术细节和工程图纸，确保制造过程的可行性和准确性。这包括确定产品尺寸、材料规格、装配方式等，并生成详细的工程图纸和说明。

（3）样品制作和测试。

在生产准备阶段，设计师通常需要制作样品，进行测试和验证。这有助于检查产品的质量和功能是否符合预期，并在必要时进行调整和改进。

（4）协调团队合作。

在生产实施阶段，设计师需要与相关团队成员密切合作，包括制造团队、工程师、供应商等。他们需要确保团队间的有效沟通和协调，共同推动生产工作。

在生产准备与实施阶段，设计师的角色是与制造团队和供应链合作，确保产品顺利生产。他们需要将设计方案转化为可生产的产品，并确保产品的质量、功能和外观符合设计要求，最终将产品推向市场。此外，产品上市过程中进行的市场营销和推广活动，如包装设计、品牌定位、渠道选择、推广策略等，有时也属于产品创新设计范畴。到了产品上线阶段，并不意味着设计师的工作已经结束，追踪产品质量、随时与工程师交流、控制成品率、追踪数据，这些都是设计师要做的。设计师应该跟进后续的设计问题反馈。在产品上线后，设计师通过对线上、线下的反馈数据进行总结和分析，确定产品有哪些问题，以便对下一代产品进行迭代和优化。

产品创新设计不仅要考虑产品的功能和性能，还要关注用户体验、可持续性、品牌价值等方面。它需要设计师具有跨越多个领域的知识和技能，如工业设计、人机交互、材料科学、市场营销等，以实现创新和差异化竞争的目标。

1.2 人工智能概述

人工智能是一门研究如何让机器模拟和展现人类智能的学科。它通过各种技术和方法，使计算机能够感知、理解、学习、推理和决策，从而执行各种任务，甚至在某些方面具有超越人类的能力。例如，自动驾驶汽车能够自动识别道路和障碍物，智能助手可以回答问题、安排日程，这些都是人工智能的典型应用。

人工智能的应用非常广泛，几乎涵盖生活的方方面面。在交通领域，自动驾驶技术让人们的出行更安全、更便捷。例如，特斯拉汽车具有自动驾驶功能，可以自动识别交通标志、行人和车辆，甚至在复杂路况下也能平稳驾驶。在医疗领域，人工智能可以帮助医生诊断疾病，分析医学影像，提高诊断的准确性和效率。例如，一些人工智能系统能够识别 X 光片中显示的病变，辅助医生做出更精准的判断。

在金融领域，人工智能用于风险评估和投资决策。智能投资平台通过分析大量市场数据，为投资者提供个性化的投资建议。在教育领域，人工智能可以根据学生的学习进度和特点，提供个性化的学习方案。例如，一些在线教育平台利用人工智能技术，向学生推荐适合他们的课程和练习题。

在智能家居领域，人工智能让家里的设备更加智能。例如，智能恒温器可以根据室内外温度自动调节室内温度，智能摄像头可以实时监控家中情况，智能灯具可以根据用户的习惯自动调节亮度和颜色。这些设备通过人工智能实现了更智能的控制和自动化，提高了家居生活的便利性和安全性。

1.2.1　人工智能发展历程

1956 年夏，麦卡锡、明斯基等科学家在美国达特茅斯学院开会研讨"如何用机器模拟人的智能"，首次提出"人工智能"这一概念，标志着人工智能学科的诞生。

人工智能经历了一次又一次的繁荣与低谷，其发展历程大致可以分为三个发展时期，如图 1-10 所示。

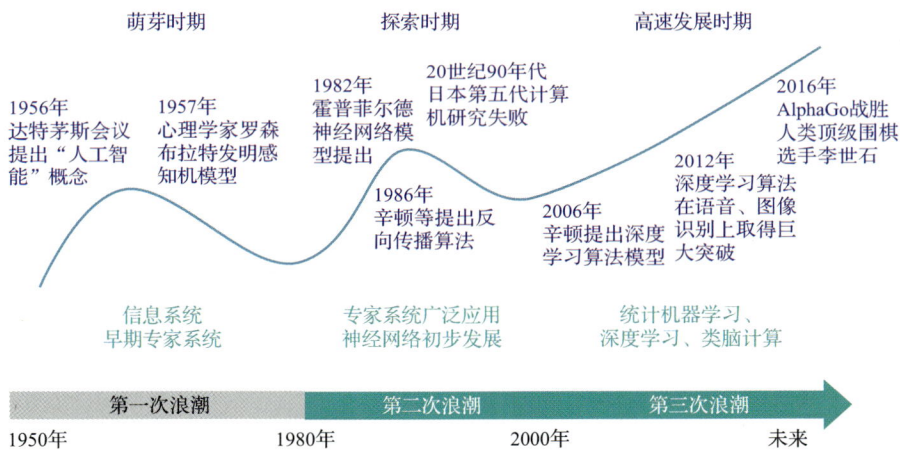

图 1-10　人工智能发展历程

1．萌芽时期

英国数学家、逻辑学家艾伦·图灵最早提出"机器能思考吗"的著名问题，进行对人工智能的探索，相继取得一批令人瞩目的研究成果，如模仿游戏，用来检测机器的智能水平。

（1）图灵论文中的模仿游戏。

在模仿游戏中，A 是男性机器人，但要假装是女人；B 是真人女性，要向 C 证明自己是女人；C 是提问者，只能通过书面问答来考察。若提问者无法区分男女，则称机器人具有智能。

（2）流行的图灵测试标准版本。

在图灵测试标准版本中，A 是计算机，但要假装是真人；B 是真人，要向 C 证明自己是真人；C 是提问者，只能通过书面问答来考察。计算机通过图灵测试的条件是，提问者无法区分计算机和真人。

图灵测试，如图 1-11 所示。

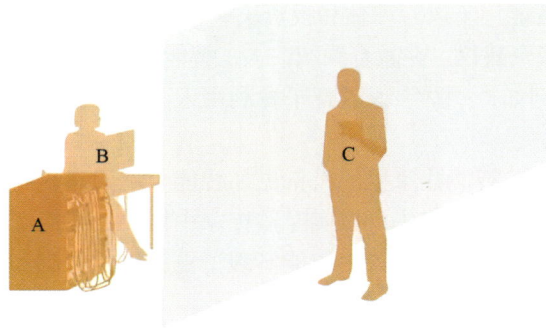

图 1-11　图灵测试

图灵测试总结起来就是，"如果一台计算机可以让人误认为它是人，就可以称其具有智能"。模仿游戏掀起人工智能发展的第一个高潮，该时期的研究主要集中在问题解决、逻辑推理和符号处理等方面。

20 世纪 50 年代至 70 年代，研究人员对机器推理和知识表示产生了浓厚的兴趣，并提出了专家系统概念。人工智能发展初期的突破性进展极大地提升了人们对人工智能的期望，人们开始尝试更具挑战性的任务，并提出一些不切实际的研发目标。

1958 年，纽厄尔和西蒙预言计算机将在十年内成为国际象棋世界冠军并证明重要的数学定理，但直到 1997 年，IBM 计算机深蓝才战胜国际象棋世界冠军卡斯帕罗夫。同样，1976 年，计算机通过暴力计算，证明了四色定理。1965 年，西蒙预言机器将在二十年内完成人类所能完成的一切工作，但至今并未实现。

2. 探索时期

1980 年之后，人工智能研究热点转向专家系统。专家系统是一种模仿人类专家决策能力的计算机系统，依据专门知识中的逻辑规则回答问题。专家系统具有设计简单、编程实现或修改容易、实用经济、高效准确、不知疲倦工作等优势。然而，随着应用规模的扩大，专家系统应用领域狭窄、缺乏常识性知识、知识获取困难、推理方法单一等问题逐渐暴露出来。

20 世纪 90 年代以后，统计学习和机器学习等方法的崛起为人工智能带来了新的活力。网络技术，特别是互联网技术的发展，加速了人工智能的创新研究，使人工智能进一步走向实用化，其中标志性事件是 1997 年 IBM 超级计算机深蓝战胜国际象棋世界冠军卡斯帕罗夫，如图 1-12 所示。随着计算能力的提高和数据的大规模积累，机器学习和深度学习等技术得到快速发展，人工智能应用领域不断扩展，包括自然语言处理、计算机视觉、语音识别、机器翻译等。

图 1-12　IBM 超级计算机深蓝战胜国际象棋世界冠军卡斯帕罗夫

3. 高速发展时期

随着大数据、云计算、互联网、物联网等信息技术的发展，新的软件与硬件平台的出现，催生了算力革命。

2004 年，谷歌推出分布式文件系统（GFS）、分布式计算框架（MapReduce）。2006 年，道格·卡廷推出基于谷歌技术改进的 Hadoop。2010 年，Facebook 推出大数据分析工具 Hive。2012 年，加州大学伯克利分校推出替代分布式计算框架的 Spark。至此，大数据处理形成了完整的技术框架。

图形处理器（GPU）原本主要用于图形的渲染，2006 年，英伟达（NVIDIA）推出统一计算架构（CUDA），图形处理器开始用于解决商业、工业及科学方面的复杂计算问题，图形处理器与深度学习结合，模型的训练速度有了数量级的提升。泛在感知数据和图形处理器等计算平台推动以深度神经网络为代表的人工智能技术飞速发展，大幅跨越了科学与应用之间的技术鸿沟，图像分类、语音识别、知识问答、人机对弈、无人驾驶等人工智能技术实现了从"不能用、不好用"到"可以用"的技术突破，迎来爆发式增长的新高潮。当代人工智能应用涵盖机器学习、深度学习、自然语言处理、计算机视觉、机器人技术等多个领域。

大数据和云计算的出现为人工智能提供了更多的数据和计算资源，人工智能开始广泛用于各个领域，如医疗保健、交通运输、金融、农业、智能家居等。人工智能的发展是一个不断演进和创新的过程。随着技术的不断进步，人工智能在解决复杂问题、提高生产力和改善人类生活方面发挥着越来越重要的作用。

目前，人工智能仍然在不断发展。人工智能的未来发展方向将继续受到技术进步和社会需求的驱动。

1.2.2　人工智能发展现状

人工智能已经深刻改变了工业发展趋势，促进了个性化、自动化和智能化产品的出现。然而，人工智能的广泛应用也引发了伦理和法律思考。未来，人工智能将继续驱动产品创新，但需要平衡技术进步与隐私、安全等问题。

1. 专用人工智能和通用人工智能

人工智能大体可以分为专用人工智能和通用人工智能。面向特定任务（如下围棋）的专用人工智能系统由于任务单一、需求明确、应用边界清晰、领域知识丰富、建模相对简单，形成单点突破，在局部智能水平的单项测试中可以超越人类智能。人工智能的近期进展主要集中在专用人工智能领域。例如，AlphaGo 在围棋比赛中战胜围棋世界冠军李世石，如图 1-13 所示。人工智能在大规模图像识别和人脸识别方面达到了超越人类的水平。

与专用人工智能相比，通用人工智能尚处于起步阶段。人的大脑是一个通用智能系统，能够举一反三、融会贯通，可以处理视觉、听觉、判断、推理、学习、思考、规划、设计等各类问题。真正意义上完备的人工智能系统应该是通用智能系统。目前，虽然人工智能在专用领域已经取得突破性进展，但在通用领域的研究与应用仍然需要提升，总体发展水平处于起步阶段。当前的人工智能系统在信息感知、机器学习等浅层智能方面进步显著，在概念抽象和推理决策等深层智能方面的能力还很薄弱。因此，人工智能依旧存在明显的局限，与人类智慧还有一定差距。

图 1-13　AlphaGo 战胜围棋世界冠军李世石

2．人工智能主要应用领域

（1）个性化产品和服务。

人工智能使产品和服务能够更好地适应个人用户的需求和偏好。个性化推荐系统，如 Netflix 的电影推荐或亚马逊的购物建议，都利用人工智能分析用户的行为和兴趣，以提供与用户更相关的内容和产品。

（2）智能助手和虚拟代理。

智能助手和虚拟代理通常被称为虚拟助手，虚拟助手（如 Siri、Alexa、Google Assistant）已经成为智能手机和智能家居产品的标配。虚拟助手利用自然语言处理和语音识别技术，使用户能够与设备进行自然对话，并执行各种任务，如提供信息、控制家居设备或发送消息。

（3）自动化和生产优化。

在生产领域，人工智能被用于自动化流程和提高生产效率。例如，工业机器人和自动化生产线使用人工智能来执行复杂的任务，监控生产质量，进行预测性维护，以减少故障和停工时间。

（4）医疗保健产品。

人工智能在医疗保健领域具有广泛应用，包括医学影像分析、疾病诊断、药物研发和个性化治疗。人工智能帮助医生更准确地诊断疾病，同时辅助医生对患者进行护理和监测。

（5）金融和投资产品。

金融领域利用人工智能来改进风险评估、交易执行、客户服务工作和投资策略。智能投资平台使用机器学习技术分析市场数据，以帮助投资者做出更明智的决策。

（6）教育技术产品。

教育领域利用人工智能开发智能教育产品，以及个性化学习和教学辅助系统。这有助于学生更好地理解和掌握知识，并向教育者提供有关学生发展的有用信息。

（7）智能家居产品。

智能家居产品，如智能恒温器、安全摄像头和智能灯具，利用人工智能实现智能控制和自动化，提高了家庭生活的便利性和安全性。

（8）交通和交通管理。

自动驾驶汽车和城市交通管理系统都使用人工智能来提高交通安全性和流畅性。人工智能能够感知道路情况，避免碰撞事故和优化交通流量。

3. 人工智能未来发展展望

人工智能已经成为推动产品创新的关键力量，全球科技巨头都积极在人工智能领域布局。谷歌在 2017 年宣布从"移动优先"转向"人工智能优先"，微软也将人工智能作为公司发展的核心战略。OpenAI 开发的 ChatGPT 是一个很好的例子，它通过学习和理解人类语言，能够与人进行自然对话，回答问题，甚至协助人类完成任务。

中国在计算机视觉、自然语言处理和语音识别等领域跻身世界前列。商汤科技、旷视科技等企业在人脸识别技术上实现商业化落地。百度"文心一言"、科大讯飞语音系统等大模型引领生成式人工智能创新。在自动驾驶领域，百度 Apollo、小鹏汽车等已经开展规模化路测，部分城市启动无人驾驶出租车试点。DeepSeek 作为中国人工智能技术先锋，为国内人工智能芯片制造商提供了宝贵的技术验证平台和商业落地机会。DeepSeek 不仅助力云计算公司和运营商实现服务升级，还推动其实现收入增长。凭借低成本和高性能优势，DeepSeek 正在重塑全球人工智能产业链格局，引领中国人工智能企业从算力追随者向生态主导者转变，这一趋势引起全球广泛关注。

阿里巴巴"城市大脑"优化交通治理，腾讯人工智能辅助医疗影像诊断，华为昇腾芯片支撑算力基建，工业机器人渗透率超过 50%。同时，人工智能催生新业态，如直播电商的智能推荐、制造业的柔性生产、农业的精准种植等，成为经济高质量发展的新引擎。

1.3　人工智能在产品创新设计中的应用

人工智能时代的设计创新是面向更广、更深领域的系统化思维，既包括对"人—产品—环境"的设计对象系统的认知，又包括对所涉问题的文化、经济、技术等社会要素发展趋势的深入理解。

1.3.1　人工智能与产品设计

人工智能在当代设计领域的重要性和广泛应用不可忽视。它为设计师提供了强大的工具和技术，促进了设计的创新和发展。

（1）人工智能为设计师提供了强大的工具和技术，以改善设计过程和增强创意能力。通过机器学习和数据分析，人工智能可以帮助设计师更好地了解用户需求、市场趋势和设计趋向。它可以分析大量的数据，深入洞察，为设计决策提供支持，并减少人为的主观因素。

（2）人工智能在产品创新设计中扮演重要的角色。它可以加速设计过程，提高效率和生产力。通过使用智能算法和自动化工具，设计师能够快速生成和评估多个设计方案，节省时间和资源。人工智能还能够辅助进行产品仿真、优化和测试，从而提前发现问题并改进产品设计。例如，ChatGPT 是由 OpenAI 开发的一种语言模型，用于构建会话人工智能系统，它可以以一种有意义的方式有效地理解和响应人类的语言输入。此外，DALL·E 2 是 OpenAI 开发的另一种先进的生成式人工智能模型，它能够在几分钟内根据文本描述创建独特和高质量的图像。

例如，DALL·E 2 根据文本指令生成宇航员骑马的图像，如图 1-14 所示。

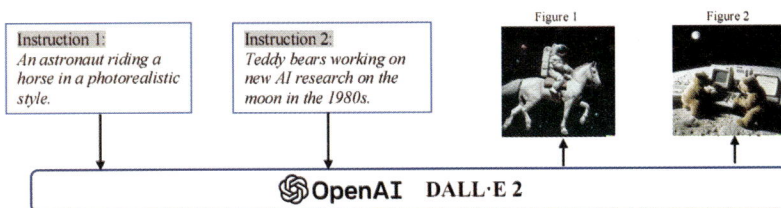

图 1-14　DALL·E 2 根据文本指令生成宇航员骑马的图像

此外，人工智能还在用户体验设计和个性化定制方面展现出巨大潜力。它可以通过分析用户数据和行为模式，提供个性化的设计建议和推荐，满足用户的个性化需求。例如，在电子商务领域，人工智能可以根据用户的喜好和购买历史，为其推荐相关产品和定制选项，提供更好的用户体验。

人工智能还在设计创新和创意生成方面发挥重要作用。通过生成算法和深度学习模型，人工智能能够创造出新颖、独特的设计概念和形态，为设计师提供灵感和启示。设计师可以利用人工智能进行设计探索和实验，突破传统的设计限制，创造出更具创新性和前瞻性的作品。

案例

智能家居产品

随着物联网技术的发展，智能家居产品越来越受欢迎。人工智能在智能家居产品设计中扮演着重要的角色。通过使用语音识别和自然语言处理技术，智能家居产品可以与用户进行交互，实现语音控制和智能化操作。例如，智能音箱能够通过语音指令控制家庭设备，如灯光、温度和安防系统。此外，通过机器学习和数据分析，智能家居产品能够自动学习用户的习惯和喜好，提供个性化的服务和建议，为用户创造更舒适、便捷的家居体验。

随着人们对健康关注的增加，智能健康监测设备（如图 1-15 所示）成为一个热门领域。这种设备可以监测用户的生理指标，如心率、血压、体温等，并利用人工智能算法进行分析和解读。例如，智能手环可以通过感知用户的运动和睡眠状态，提供个性化的健康建议和运动计划。智能健康监测设备还可以与手机或计算机连接，将数据上传到云端，让用户可以随时了解自己的健康状况，并与医疗专家分享数据，以更好地进行健康管理。

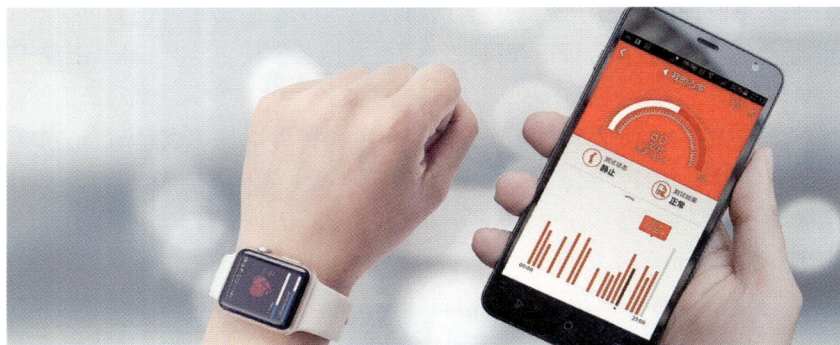

图 1-15　智能健康监测设备

这些案例展示了人工智能在产品设计领域的重要应用。通过采用智能化和数据驱动的方法，产品设计变得更加智能、个性化和便捷，满足了现代用户对产品体验和功能的高要求。

1.3.2　人工智能辅助产品创新设计工具

在人工智能时代，设计工具正经历前所未有的变革。人工智能设计工具不仅提高了设计师的工作效率，还扩展了设计的边界，使创新更加多元化和智能化。以下是一些关键的人工智能设计工具，它们正在改变设计的工作方式。

1．创意生成工具

创意生成工具利用人工智能的强大计算能力，帮助设计师快速生成和迭代设计概念。

（1）Midjourney。

基于扩散模型（diffusion model），Midjourney能够根据文本提示生成4K分辨率的图像，支持不同风格的融合。这款工具在汽车设计领域尤为突出，宝马团队就曾经使用Midjourney输入描述词（如"电动SUV""空气动力学曲面""发光格栅"），生成200多个设计方案，并筛选出3个方案进行风洞测试，开发周期缩短了60%。

（2）DALL·E 3。

结合CLIP视觉语言模型，DALL·E 3能够实现文本、草图、3D模型的多模态输入。在文化融合方面，故宫文创团队通过输入"敦煌飞天＋赛博机甲"，生成了一系列数字藏品，年轻用户的转化率提升了230%。

（3）Runway ML。

这是一个平民化的人工智能实验室，无需代码即可调用Stable Diffusion、GPT-4等300多个模型，支持视频、音频等多维创作。在动态设计方面，用户可以上传产品视频，使用"运动追踪"模块自动添加增强现实交互元素，营销转化率提高了45%。

2．界面与交互设计工具

界面与交互设计工具通过人工智能提升设计的直观性和用户体验。

（1）Figma AI。

Figma AI具有需求解析功能，可以上传客户语音备忘录，自动生成产品需求文档，准确率超过90%。它还具有风险预警功能，可以分析项目进度数据，提前14天预测交付延迟概率，推荐应急预案。

（2）Adobe Firefly。

Adobe Firefly具备品牌DNA学习和生态协同等技术亮点。品牌DNA学习功能可以导入企业视觉识别手册，自动生成符合品牌规范的图标、配色与版式库；生态协同功能允许在Photoshop中框选区域，根据输入的文本描述智能合成自然光影效果。

3．3D建模与仿真工具

3D建模与仿真工具通过采用人工智能简化建模流程，提高仿真的真实性。

（1）Omniverse。

Omniverse是一款基于通用场景描述（USD）格式的物理世界的数字孪生工具，能够实现多软件实时协同与物理精确仿真。在汽车制造领域，特斯拉使用 Omniverse 模拟生产线，优化机器人运动轨迹，装配误差降至 0.02mm。

（2）Blender 的人工智能插件。

Blender 的人工智能插件通过机器学习算法辅助建模，提高建模的效率和质量。

4．用户研究工具

用户研究工具利用人工智能分析用户行为，为设计决策提供数据支持。

（1）Hotjar AI。

Hotjar AI 通过人工智能分析用户在网站上的行为，识别用户的需求和痛点，帮助设计师优化用户体验。

（2）UserTesting。

UserTesting 允许设计师通过视频反馈搜集用户的真实体验，帮助设计师快速总结和分析用户测试结果。

5．合作与项目管理工具

合作与项目管理工具通过人工智能技术提高团队合作效率和项目管理的智能化水平，例如：

（1）Notion AI。

Notion AI 支持自动生成会议纪要、任务清单和需求文档，适用于产品设计流程中的前期需求澄清与团队协作。国际数据公司（IDC）调研显示，采用 Notion AI 的企业设计团队，跨部门沟通效率提升了 55%。

（2）Miro Assist。

Miro Assist 通过人工智能帮助团队在虚拟白板上进行更高效的合作，自动记录会议内容，生成会议摘要，提高团队合作效率。

这些人工智能设计工具正在不断进化，它们不仅改变了设计师的工作方式，还为设计教育和实践带来了新的视角与挑战。通过使用这些工具，设计师可以更专注于创意和战略层面的思考，提高工作效率和质量。

案 例

人工智能包装设计

Package-AI 可以在 1 小时内自动生成 1000 组包装设计方案，然后展示排名前 100 位的方案。该系统还可以对生成的结果进行分析评估，预测针对不同年龄、职业、性别的消费者，哪些包装更受欢迎。这个人工智能分析系统能够缩短包装设计周期，节省设计成本，并能够准确预测设计的包装能否获得好的效果。日本零食品牌卡乐比（Calbee）接受这个人工智能系统的分析建议，为旗下一款产品设计了新的包装（如图 1-16 所示），销售业绩增长了135%。

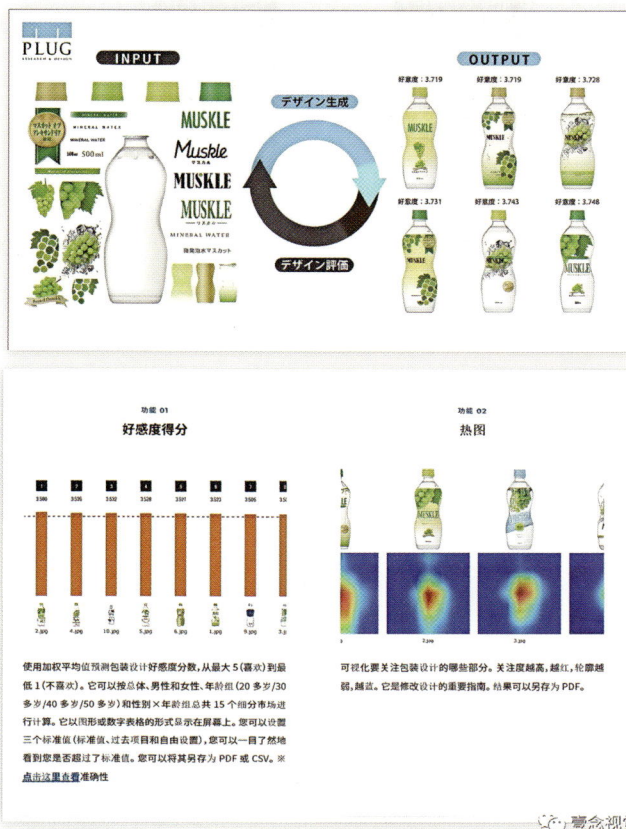

图 1-16　人工智能包装设计应用

综上所述，由人工智能辅助的产品创新设计工具和软件在提高效率、发现新创意和提供数据支持方面发挥着重要作用。但是，它们仍然需要设计师用自己的专业知识和判断力来评估和优化生成的结果。此外，对一些复杂和抽象的设计任务，人工智能工具目前还无法完全胜任，设计师需要结合人工智能和人类创意的优势进行设计工作。

思考题

1. 人工智能显著提升了设计效率，请结合"人工智能能否完全取代设计师的创意能力"这一问题，探讨人工智能相对于设计师有哪些优势和不足。

2. 生成式人工智能在提供设计灵感时，是否削弱了设计师的原创性思考能力？如何平衡人工智能的"辅助"与"主导"角色？

第 2 章
人工智能辅助设计调研与分析

作为产品设计流程中不可缺少的环节，市场调研是运用科学和系统的方法，有目的地搜集、记录、整理有关产品的市场信息和资料，从而了解市场的现状及其发展规律，为产品设计提供依据的信息管理活动。市场调研能够为产品设计提供客观且正确的资料，帮助设计师设计出符合市场需要、满足消费者需求的产品。

2.1 市场调研

市场调研具有系统性、客观性、时效性、多样性、不确定性等特点，其并非简单获取信息，而是积极地深入社会，探索市场动态，从而进行正确的分析、判断甚至创新。设计师据此才能真正用设计促进文化、社会和经济的发展，引导人们形成健康、安全、舒适的生活方式。

2.1.1 市场调研方法概述

传统市场调研一般包括背景调研、用户调查、市场分析、竞争产品分析、技术分析、可用性分析等内容。设计师通过进行数据分析，为后期设计提供数据支撑，明确产品的使用场景、功能结构、材料工艺等属性，进而挖掘产品深层需求与设计空缺，探索用户需求，做出有价值、有意义的设计。

调研方法主要分为观察法、询问法、资料分析法、问卷法四种形式。

1．观察法

观察法指调查者根据一定的目的，用人的感觉器官或借助一定的观察仪器和观察技术，对人们的行为进行观察，以搜集资料的一种方法，如图 2-1 所示。

在观察前，要根据对象的特点和调研目的事先制订计划，合理确定观察路径、程序和方法，从而获取有价值的资料。在调研时，可以采取录音、拍照、录像等手段来搜集资料。

图 2-1　用观察法进行市场调研

2．询问法

询问法是一种比较常见的市场调研的方法，如图 2-2 所示。用询问法进行市场调研时，要事先确定需要询问的问题要点、提出问题的形式和询问的目标对象。询问法还可以分为直接询问法、书面询问法、集体询问法、个别询问法、邮寄询问法、电话询问法等。

图 2-2　用询问法进行市场调研

3．资料分析法

资料分析法实施较为简单，是汲取他人经验、扩展自己的思路、避免重复工作的有效途径，如图 2-3 所示。用资料分析法进行市场调研时，要注意所获取的资料的真实性和时效性。

图 2-3　用资料分析法进行市场调研

4．问卷法

问卷法是从个体对一些问题的回答中搜集各种信息的一种调查方法，重在对个人意见、态度和兴趣的调查，如图 2-4 所示。使用该方法时，要设计出需要了解的问题，让被调研对象填写调查问卷，以此获取所需的市场信息。研究人员通过对答案的分析和统计进行研究，得出相应的结论。

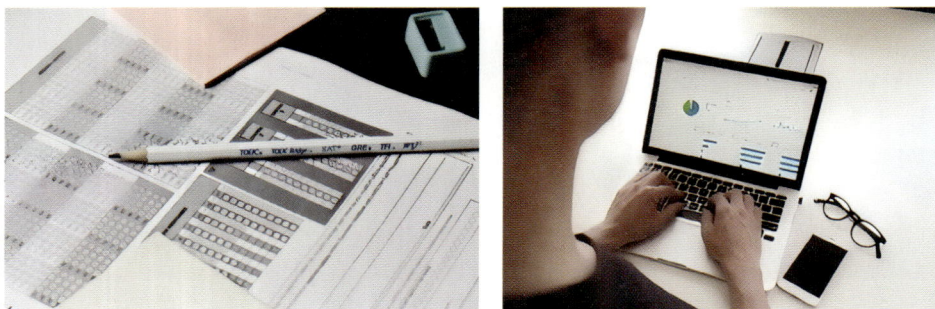

图 2-4　用问卷法进行市场调研

2.1.2　传统市场调研方法面临挑战

传统市场调研方法需要准确把握数据客观性、可靠性与时效性。传统市场调研方法通常需要搜集和分析大量的数据样本，由于时间、资源和成本的限制，可能存在速度慢、信息量小的情况，使样本规模受到限制。这可能造成样本缺乏代表性，无法全面反映整个目标市场的情况，在信息数据瞬息变化的当下，很难保证效率。

1．观察法

（1）时间限制。

被观察者的某些行为可能发生在某个时间范围内，因此观察行为受到一定限制，很可能需要花费大量的时间搜集信息。

（2）对象限制。

当观察对象为特殊群体或特殊情况时，观察过程将受到限制，造成难以接触或无法实时跟随观察对象等情况。观察法也受限于人的生理情况。例如，对儿童的观察受限于儿童不能恰当地表达自己的喜好。此外，观察法无法判定观察到的行为产生的原因。在要观察的事件出现时，观察员只能观察到观察对象的活动，并不能观察到其兴趣、偏好、心理感受、动机、态度、看法等。例如，观察消费者购买产品的行为，只能观察到行为本身，却不能了解消费者购买产品的原因。

（3）范围限制。

在一定程度上，观察法只能观察外表现象和某些物质结构，不能直接观察事物的本质和人们的思想意识。同时，观察法也不适用于大面积调查。

2．询问法

（1）较为耗时费力。

询问法一般需要耗费较大的人力、时间及费用，同时无法保证询问结果的有效性。同时，集体询问法的参加者可能不具有代表性，在发言时容易受其他人的影响，所说的话不一定代表每个参加者自己的意见。实际上，询问法通常依赖受访者回忆和陈述自己的行为、偏好和经验。然而，人们对过去事件的回忆可能存在偏差，如记忆不准确或受主观因素影响等，导致数据不准确。

（2）访谈经验参差不齐。

在访谈过程中，访问员的技巧和经验，如询问方式、问题衔接、表达方式等，都会对询问的情况产生影响，因此需要对访问员进行培训与管理。

（3）特殊人群问题。

在采用询问法进行调研时，如果研究对象是残疾人士或特殊职业、危险职业等从业人群，会受到时间、地点、资源等的限制，可能无法有效联系并进行较为及时的沟通与调查，无法真实有效地获取相应信息。同时，对特殊人群的调研可参考资料较少，存在个体差异，这在传统市场调研中仍然是较为显著的问题。

3. 资料分析法

（1）滞后性。

使用资料搜集和分析方式进行市场调研，搜索到的信息的时效性无法保证，获取的资料具有一定的滞后性。例如，在获取产品设计背景的过程中，搜集到的资料若非最新数据，就会影响后续的分析与设计过程，无法把握当前的设计趋势与潮流。同样，在市场分析过程中，面对更新迭代迅速的市场环境，必须有时效性强的结论作为参考与支撑，但通常市场调研信息报告只会在一定时间范围发布。

（2）真实度难以保证。

资料分析法一般基于现有成果，通过互联网等途径搜集资料，无法确定其来源是否可靠。资料被搜集后，还需进行验证，才能确保其真实性与准确性。例如，在进行竞争产品分析时，需要进行大量的资料分析，需要通过专业市场评估来分析同类产品的特点，但在一般情况下无法获取所有竞争产品的实物，只能通过资料搜集和分析进行工作，不仅工作量巨大，而且不能保证结果有较高的准确率。技术分析也是如此，在受限制的条件下难以保证数据全面且准确。

（3）无法深入探讨。

通过资料分析法可能无法获得对受访者真实动机、情感和心理过程的深入了解。在进行资料搜集和分析时，难以深入了解受访者所处的具体情境，以及在表面背后的深层需求或动机，也无法深入探讨和互动，而这些方面对产品设计和市场营销策略的制定非常重要。传统方法难以捕捉到这些细微的细节，缺少让用户补充信息的机会，容易导致获得的信息片面，存在一定的局限性。

（4）信息碎片化。

在资料搜集和分析的过程中，部分信息可能存在碎片化的情况，需要通过多种方式与渠道进行整理，消耗大量的工作时间。在面对复杂的信息时，该方法可能无法准确判断有效信息与真实情况，需要进一步搜集和分析资料，因此不适合做大范围的资料研究。

4. 问卷法

（1）信息过滤偏差。

采用问卷法进行调研，调查样本可能不足以代表总体，导致结果存在采样误差。由于被调查者的参与度与问卷调查的传播度不同，会丢失部分目标人群，造成样本量小的情况，结果无法准确反映整体情况。

（2）准确程度受限。

受到被调查者填写问卷的专注度、耐心和积极性的影响，调查所获数据的真实性和可靠性无法保证。被调查者在不同的环境、心理状态等情况下会受到感性影响，因为某些原因不愿如实回答问题或提供虚假信息，由此产生多种偏离事实的数据，无法反映客观事实，得出不准确的结论。

（3）无意引导。

当问题设置或询问方式设计不当时，问卷填写会受到一定的影响，产生偏见或误导，使被调查者回答不准确或不完整。

综上所述，传统市场调研方法的很多方式无法准确把握数据客观性、可靠性与时效性，具有一定的信息偏差，从而对后续的设计环节造成影响。随着以人工智能为主要代表的工业4.0 时代的到来，人工智能已经渗入人们生活及工作的多个领域，同样可以被运用到市场调研领域。

2.1.3　人工智能提效市场调研

1．人工智能市场调研概述

目前，将人工智能运用于市场调研方兴未艾，能够为产品设计带来一定的帮助。

（1）人工智能能够快速提供各类信息，为市场调研提供及时有效的信息支撑，以此为基础创造出更加符合市场趋势的产品。面对信息繁杂的市场状况，人工智能将根据实际需求提供及时、准确的各类信息。该方法不受时间、空间的限制，包括提供关于各种特殊产品、特殊人群的基本信息，使市场调研的信息搜集效率显著提升，大大减少了该环节造成的时间与资源消耗。

（2）设计师可以通过人工智能搜集大量的用户数据，识别和分析相关产品反馈信息，依据大数据和历史行为记录分析，提高信息处理效率。

（3）利用人工智能进行市场调研，对提升产品的设计价值有很大帮助。当面对不熟悉的产品设计时，人工智能能够帮助设计师在产品造型、功能、结构和材料等方面进行系统化分析，使设计更加科学、合理，省去不必要的功能及材料。借助人工智能，产品的整体美感与社会文化功能将得到大幅提升，同时还能有效提升用户对产品的使用体验。

2．利用人工智能进行市场调研的方式

（1）利用人工智能进行市场调研的正确做法。

① 准确提问，详细描述。

在通过人工智能对话机器人（以下简称"对话机器人"）进行市场调研时，详细而又准确的提问内容可以提高信息的可用性。首先，为了使对话机器人能够准确理解提出的问题，需要表达清晰，避免使用含糊不清的词汇和语言，要使用具体的词汇信息描述问题。虽然对话机器人能够理解复杂的语言结构，但过于复杂的结构会使其理解困难，进而影响回答质量。其次，尽量使用简单的语言结构和词汇，避免使用太多的专业术语及缩写等表述形式，帮助对话机器人理解问题。

此外，在详细描述方面，可以多使用一些词语来说明提出的问题。更加具体的问题定义

与需求要点，可以让对话机器人有更加清晰的回答方向和详细的回答规范。

例如，为掌握电商平台热销的颈部按摩仪产品功能、用户评价与痛点，将提示语设置为：

"你是一位中国消费电子行业的产品分析专家。请列出 2025 年以来在京东、小米有品或天猫平台上热销的三款智能颈部按摩仪，说明它们的主要功能、目标用户群体，以及典型用户反馈。同时指出这些产品目前存在的不足。"

对话机器人输出的内容如表 2-1 和图 2-5 所示。

表 2-1　三款智能颈部按摩仪产品对比

品牌	主要功能	用户反馈	存在痛点
S* G7 Pro	热敷、低频脉冲、语音控制	外观时尚，便携，适合办公族	初次使用刺激感强，说明书不详细
倍 * N5	气囊按压、加热、蓝牙音乐	按摩真实，音乐可以让人放松，体验好	电池续航能力一般
小 * 智能按摩仪	智能控制、个性化 App	操作简单，价格亲民	按摩强度偏弱，适合轻度使用者

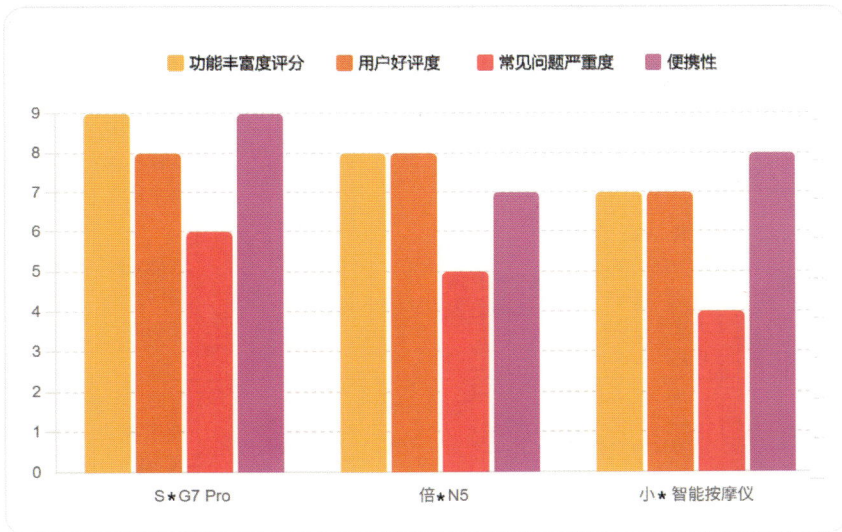

图 2-5　三款智能颈部按摩仪产品对比

对话机器人还给出了以下转化建议。

● 设计方向启发：针对用户对"刺激过强"或"强度不足"的反馈，可加入自适应调整按摩力度功能。

● 用户群差异化：办公族偏好便携产品外观，居家人群偏好深度按摩，应考虑设计可切换功能模式。

● 品牌策略建议：引导用户在使用前完成问卷，人工智能自动定制个性化按摩方案，增强用户体验黏性。

② 告知自身需求，给出回答范围与方向。

在设计市场调研阶段，可以通过将自身的需求告知对话机器人的方式进行提问，给出对话机器人回答的主题，有助于其更好地理解问题并提供准确的答案。实际上，将自身设计目标需求告知对话机器人时，对话机器人能够根据问题确定相关专业范围与专业知识，根据更多与设计相关的大数据信息来提供答案，比平铺直叙的询问更加专业。

例如，当需要进行宠物产品设计时，计划以宠物厕所作为设计对象，以上班族作为目标用户，尝试对国内同类竞争产品进行分析，探索宠物厕所设计的机会点。设计师可以采用先告知对话机器人自身需求，再进行准确提问的方式。例如："我想针对上班族设计一款宠物厕所产品，请问目前国内市场上存在哪些同类产品，请对它们的功能、材质及优点和缺点进行总结与分析。"

对话机器人给出的分析结果，如表2-2所示。

表2-2　对话机器人给出的国内宠物厕所竞争产品分析结果

竞争产品选择	外观	功能				材质	优点	缺点
		排泄物处理	气味控制	集便仓容量	App操控			
NutroLab/诺比瑞狗厕所		手动清洁处理	无	无	×	塑料	轻便，价格便宜，不会有安全隐患	异味严重，每天都清理很麻烦，很容易磨损，容易沾上赃物
糖派智能猫砂盆		自动收集，猫砂掩盖，手动15天更换一次垃圾袋	负压吸入锁味，离子净味系统	9L	√	塑料	智能方便，减少房间异味，出门方便，智能检测	价格高，没有集便仓，粪便容易漏出
小佩智能猫厕所MAX		自动收集，猫砂掩盖，手动丢弃	集便仓密封隔臭，小方N50除臭	7L	√	塑料	智能方便，减少房间异味，出门方便，做了安全防卡设计	价格较高，可容纳体积较小
CATLINK小白全自动猫砂盆		旋转清理，自动收集，猫砂掩盖，手动7天更换一次垃圾袋	集便仓密封隔臭，除臭凝胶	7L	√	塑料	智能方便，减少房间异味，便于控制体重	价格较高，旋转清理声音大
冲水自动清理不锈钢狗厕所		定时自动冲水	冲水	无	×	不锈钢	方便，在一定程度上减少了房间异味，成本低，承重力强	影响美观

③ 根据逻辑关系进一步提问。

图2-6　中度自闭症儿童自我管理问题

如果提供给对话机器人的问题叙述不足以让其理解提问意图，对话机器人就会产生理解偏差。在向对话机器人提问时，十分关键的一点是保持上下文的问题逻辑。对话机器人可以给出连贯的回答，每个问题并非独立存在，而是模拟真实对话逻辑与思维，所以根据逻辑关系进行提问能够使对话机器人给出效率更高的答案。

例如，在对儿童心理健康进行调研的过程中，需要获取中度自闭症儿童用户的生理特点数据，在向对话机器人提问时可以使用循序渐进的方式合理提问，如图2-6和图2-7所示。根据上下文逻辑，在关于中度自闭症儿童自我管理方面可以通过以下方式询问。

首先提问："请问中度自闭症儿童在自我管理方面

主要存在哪些问题？请具体回答。"

在得到相应的答案后，可以继续按照问题逻辑进行深度提问："请问造成上述中度自闭症儿童自我管理困难的主要原因是什么？"

就这样，不断深入，寻找设计切入点。

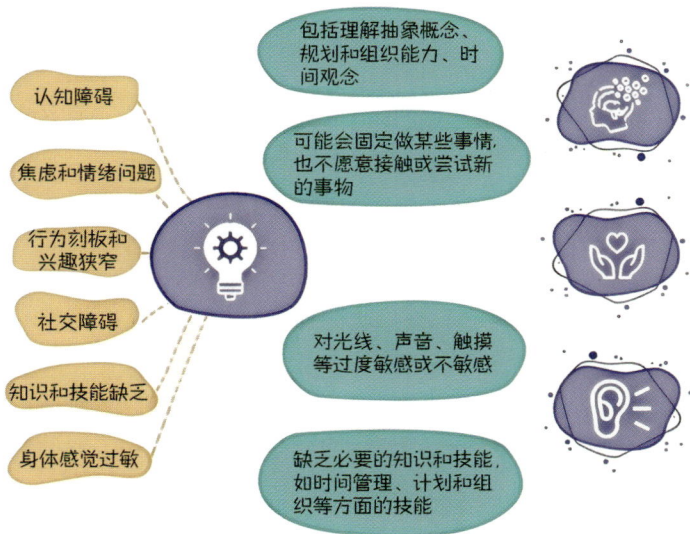

图 2-7　中度自闭症儿童自我管理问题成因

④ 赋予对话机器人身份。

对话机器人非常善于进行角色扮演，当为其指定一个身份时，就能基于设定的角色给出较为专业的回答。当赋予对话机器人一定的职业身份时，实际上限定了回答的范围与知识的专业性。当然，不同的身份会使其从不同的角度去思考问题。设计师在无法接触到目标用户、生产者、销售者等时，便能够通过这一方式获取更多的有效信息，大大减少了在市场调研方面的人力物力消耗。

例如，针对当前理发行业存在的问题进行思考，希望探索其中的设计点与机会，在进行影响因素分析时，可以赋予对话机器人设计师身份，让其以更加专业的知识内容为信息源提供信息，使设计更加严谨高效。例如，可以这样提问："如果你是一位工业设计师，需要设计一款理发产品，请问当前影响理发效果的主要因素有哪些？"对话机器人给出的答案，如图 2-8 所示。

（2）利用人工智能进行市场调研的错误做法。

① 提问过于宽泛，缺少限定条件。

在进行市场调研的过程中，向对话机器人提问时，如果问题过于宽泛，缺少限定条件，那么只能得到通用答案。如果给出的关键词缺

影响理发效果的因素

图 2-8　对话机器人给出的影响理发效果的因素

乏针对性与具体性，就会使答案的有效率较低。针对过于宽泛的提问，对话机器人无法给出有效的答案。产品市场调研涉及的内容较为广泛，包括多方面的内容，不同的提问方式会产生差异十分明显的答案，要注意提问的准确性。

例如，针对浴室产品设计进行市场调研，若以"请帮我做一下浴室产品的市场调研"这种方式进行提问，得到的答案类别五花八门，十分广泛，缺乏针对性，不会对提问者有较大的帮助。因此，要详细提问，增加需要的条件。

②提问内容过多，无法面面俱到。

对话机器人难以理解过于复杂的提问内容，回答效果会很差，而且为后期整理带来更大的工作量。

例如，在针对某些厨房产品进行市场调研时，希望得到关于不同产品的不同数据，如果只是像"请帮我做一个智能厨房、智能厨具、智能炉灶类产品的市场分析"这样提问，一次罗列多种需要调研的产品品类，得到的答案就会具有明显的不完整性，同时无法进行具体分类与归纳，有效率低下。

③缺乏铺垫与逻辑。

在某些情况下，没有任何铺垫，直接向对话机器人提出问题，对话机器人无法直接判断问题中的某些内容，就会导致回答混乱无序，影响调研结果。用不明确的信息进行提问，往往得不到预期的答案和有效的信息。

例如，需要对宠物智能机器人产品进行用户分析时，如果一开始将"请帮我分析一下宠物智能机器人的用户特点"作为问题，就可能无法得到较为满意的结果。这里的"用户"人群不仅包括宠物，也包括宠物主人，而且不同的机器人有不同的功能，在没有任何关于产品内容铺垫的情况下，很难得出非常细致且准确的答案。

3．利用人工智能进行市场调研的技巧

根据上述分析，结合传统市场调研的局限性，在使用人工智能时，只有采取一定的方式，才能得到较为合理且有效的答案。

（1）尽可能清晰提出问题，提供准确信息。

①准确表达。

在具体调研时，要确保提问的准确性，清晰明了地表达自身的调研需求；要确保提出的问题直接、清晰；可以使用较为简洁的语言，避免复杂或模糊的表达。这样有助于对话机器人理解提问意图并提供准确的答案，如图2-9所示。

图2-9　准确表达

② 提供准确信息。

适当提供一定的引导性细节或要求，可以是限制性的词语，如"详细阐述""请用多少字回答"等，包括回答字数、范围等方面。对话机器人在回答问题时可能有一定的局限性，尤其在涉及特定领域知识或细节的情况下。因此，最好限制问题的范围，确保可以得到明确的答案。在进行竞争产品分析时，要了解产品所在市场的竞争情况，包括竞争对手的产品、定位、价格策略和市场份额等，一定要将需要了解的信息明确告知对话机器人，并说明研究范围，如"中国品牌""相同品类"等；也可以是举例性的内容，使用"例如……"等词语进行提问，这些关键词在一定程度上会帮助对话机器人迅速掌握回答要点。

（2）赋予对话机器人一定的身份。

① 上下文理解。

赋予对话机器人一个身份可以帮助其更好地理解问题，并提供更准确、更相关的答案，如图 2-10 所示。对话机器人对市场调研背景等有一定的了解，能够根据上下文进行推理和回应。

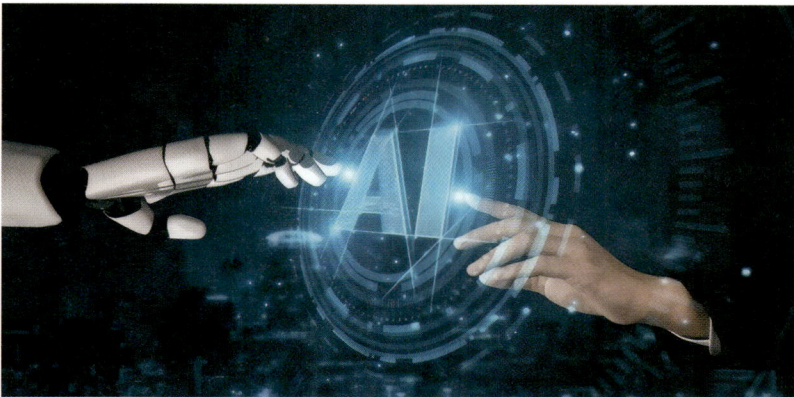

图 2-10　赋予对话机器人一定的身份

② 个性化回答。

可以定义对话机器人的身份特征和个性，使其能够以一种更个性化的方式回答问题，克服时间、地点、资源上的限制，快速扮演特殊群体，如森林消防员、残疾人等。这样可以使调研工作与用户建立更紧密的联系，并得到与该身份相符的回答。当然，不同的身份有助于对话机器人从不同的维度进行设计和思考，全面了解产品设计的各个环节，从而进行深入思考和全面探讨。在用户调研阶段，也可以赋予对话机器人一定的情感和情绪，使其能够更好地理解用户的情感状态。

③ 增强互动和对话的连贯性。

设计师可以与具有特定身份的对话机器人进行连续对话，而不是简单提出独立的问题，这对深入调研具有十分重要的作用。例如，评估用户对产品的使用体验和满意度，包括界面设计、功能易用性、用户反馈和改进建议时，利用这种连贯和互动的方式有助于与对话机器人进行更深入、更有意义的对话。

然而，赋予对话机器人身份可能带来一些挑战和风险，应该确保身份信息的隐私性和安全性，避免被滥用。此外，对一些涉及敏感话题或特定领域知识的问题，对对话机器人的准确性和专业性需要审慎考虑。

（3）按照逻辑提问，逐步细化。

① 不断深化。

为了帮助对话机器人更好地理解问题，在进行产品调研时，可以提供一些相关的上下文信息，如先前的对话内容、背景信息或任何与问题相关的细节。

② 逻辑关联。

提问时需要有一定的逻辑关系，按照顺序依次提问，使对话机器人在明确前面的问题后，能够最大限度地发挥作用，获取更加有效的、合理的调研信息。例如，首先针对用户痛点进行提问，然后根据痛点提问解决方式及可行性。

③ 控制范围。

尽量将每个问题限制在调研的主题范围内，避免过于复杂的问题导致回答混乱无序。例如，在进行市场趋势研究中，需要了解产品所在市场的发展趋势、技术创新、消费者行为变化和市场规模等，不要把过多的问题一次性传达给对话机器人，使其能够更好地理解和回答问题，减少混淆或误解的可能性。

④ 深入提问。

如果对对话机器人的回答不满意，就可以追问或澄清问题，使用"请问还有更多回答吗""请继续"等方式提问，获取更多的信息或重新提出问题，使对话机器人能够更好地理解问题并提供准确的答案。

2.2 人工智能数据驱动产品分析

2.2.1 数据驱动产品分析

利用人工智能获取市场调研数据后，需要借助数据驱动进行产品分析。

数据驱动设计是一种以用户为导向的设计方法，即由数据支持帮助设计师了解目标受众的设计方法。数据驱动设计的一般方法包括两种：第一种是采集大量的定量数据为设计过程提供参考信息，这种方法广泛用于各个领域；第二种是采集定性数据为设计过程提供信息。

数据驱动作为一种辅助设计手法，让设计师能够在设计过程中获得更多有效信息，并快速处理和分析大规模的数据，包括结构化和非结构化数据，从而使设计师能够更全面地了解用户行为、需求和市场趋势。数据驱动设计，可以节省时间和资源，减少获得最终结果所需的迭代次数，减少更改与试错工作，使设计师能够将更多的时间用于创造性工作，有效提高生产力。

2.2.2 数据驱动产品分析案例

下面用具体案例展示在产品调研阶段利用对话机器人进行调研，通过数据分析来驱动产品设计过程。

1. 明确调研目标与设计目标

在市场调研中，需要确定调研目标，明确希望通过调研了解哪些信息。调研目标的确定对指导整个调研过程至关重要，可以帮助设计师明确需要搜集的数据和信息类型，以及最终要解决的问题或达到的目标。

使用对话机器人进行市场调研时，可以尝试初步探索，即与对话机器人进行对话，提出关于当前市场需求、用户体验、产品功能等方面的问题。对话机器人可以提供初步的观察结果和观点，帮助设计师思考和探索潜在的调研目标。

（案）（例）

基于人工智能技术的可移动宠物监控摄像头设计（1）

本案例以宠物用品为设计方向，设计师针对比较复杂的宠物用品市场环境，与对话机器人对话："我想做一款针对宠物的产品，请问可以帮我进行当前宠物产品的市场环境调研吗？"设计师在提问时先将自身的需求明确告知对话机器人，再提问，得到了下列回答。

（1）宠物市场增长迅速。

（2）高品质产品受到青睐。

（3）宠物产品技术创新，其中智能宠物配饭器、健康监测设备、追踪器、社交媒体平台等技术产品和服务成为热门趋势。

（4）可持续发展。

（5）宠物服务行业扩展。

（6）社交媒体影响力增大。

设计师获取以上数据后，针对目前宠物市场环境进一步提问："请帮我详细分析一下当前宠物市场的增长趋势。"对话机器人给出相应数据，设计师从中发现当下宠物身心健康受到更多关注，其中包括宠物与人分离产生的焦虑问题。设计师以该问题作为机会点展开调研，通过对对话机器人给出的数据进行分析，确定设计目标，即能够解决宠物与人分离焦虑问题的宠物技术创新产品，如图 2-11 所示。

为什么要做可移动宠物监控摄像头？

可移动宠物监控摄像头主要**功能**在于解决主人和宠物的分离焦虑，这个产品主要定位于25~40岁忙碌的职业人士使用，主人能够通过设备传递情感和关怀给宠物。**该产品**通过可移动及物理交互的方式，加强主人和宠物之间的情感联系，相对于传统的监控器来说，革新了交互方式及整体的设计。

ONE

创新点一
DESIGN INNOVATION

智能物理交互 + 宠物监控

我们优化了传统的产品交互方式，使宠物与主人之间的联系更加具体。

TWO

创新点二
DESIGN INNOVATION

可移动 + 宠物监控

可移动功能，可以方便主人在不同的房间寻找宠物，以及和宠物进行互动。

图 2-11 可移动宠物监控摄像头调研与设计目标探索

当然，设计师也可以尝试让对话机器人直接给出设计灵感。例如，可以直接提问："我需要设计一款产品，可以给我提供一些灵感吗？"

2．定义调研范围和目标用户

在定义调研范围与目标用户的过程中，确定调研的范围和受众，明确细分市场和目标用户群体，以便更有针对性地搜集数据信息。

通过与对话机器人对话，可以确定自己的设计是创造新产品、改进现有产品，还是了解用户需求和偏好。之后，不断与对话机器人进行交流，进一步探索细节、澄清问题或获得更多见解，可以尝试在对话中逐步缩小范围并明确目标用户的特征。

案 例

基于脑电音乐冥想疗法的预防产后抑郁助眠仪设计（1）

本案例以缓解女性心理健康问题产品为调研目标，设计师与对话机器人对话："请问目前的女性心理健康问题包括哪些主要方面？请使用具体数据详细表述。"

对话机器人给出了较为准确的数据信息，如图 2-12 所示。

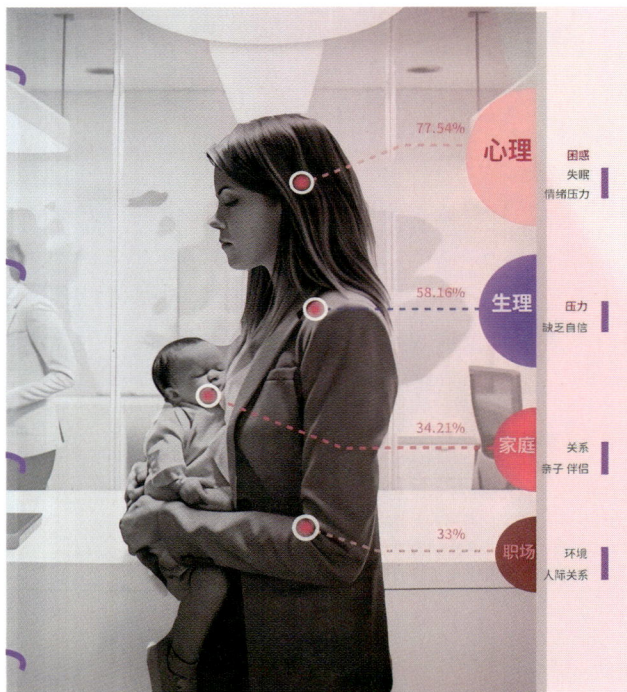

图 2-12　女性心理健康问题调研

设计师获取具有时效性与权威性的数据后，发现女性产后抑郁是影响女性心理健康的一个重要方面，由此展开有关全球产后抑郁数据的调研。

设计师向对话机器人提问："针对女性产后抑郁问题设计一款治疗产品是否可行？这样做具有哪些价值与意义？"

对话机器人表示女性产后抑郁发病率较高，并发症严重且影响较大，需要得到足够的关注与支持，设计师根据调查所得数据确定研究主题与研发意义。产后抑郁产品开发意义，如图 2-13 所示。

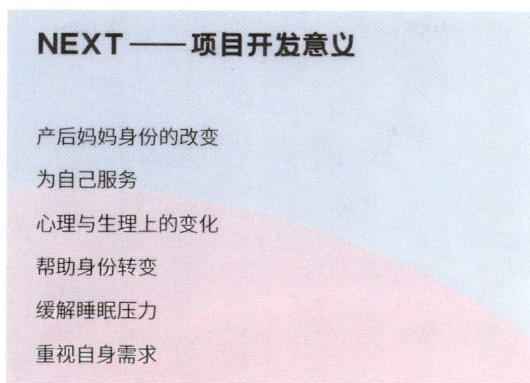

图 2-13　产后抑郁产品开发意义

3. 市场信息调研

通过对话机器人搜集与调研主题相关的市场信息，如目标市场的规模和增长趋势，包括市场的总体规模、市场份额、市场增长率等数据，之后对搜集的数据进行整理和分析。根据调研目标，可以采用定性或定量的方法对数据进行分析。

案 例

基于脑电音乐冥想疗法的预防产后抑郁助眠仪设计（2）

本案例调查了中国女性产后抑郁的情况，利用调研数据分析其增长趋势及原因。设计师要求对话机器人详细叙述中国女性产后抑郁现状，包括发病率、患产后抑郁女性人数及占比等具体数据，以及引起女性产后抑郁的主要原因有哪些，由此得到较为准确的数据，如图 2-14 ～图 2-16 所示。

设计师得出相关数据结论后，进一步利用对话机器人获取女性产后抑郁的治疗方式及市场上常见的治疗康复产品，并进行整合分析。

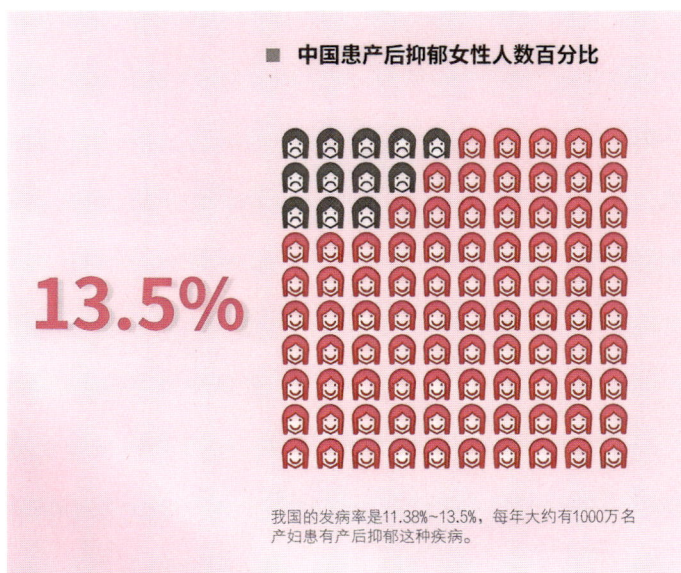

图 2-14　我国女性产后抑郁患者数据

数据显示，中国在过去几年中已经出现了产后抑郁症患病病率上升的趋势。这可能与社会变革、家庭结构和生活方式的改变有关。

图 2-15　历年全国女性产后抑郁患者人数

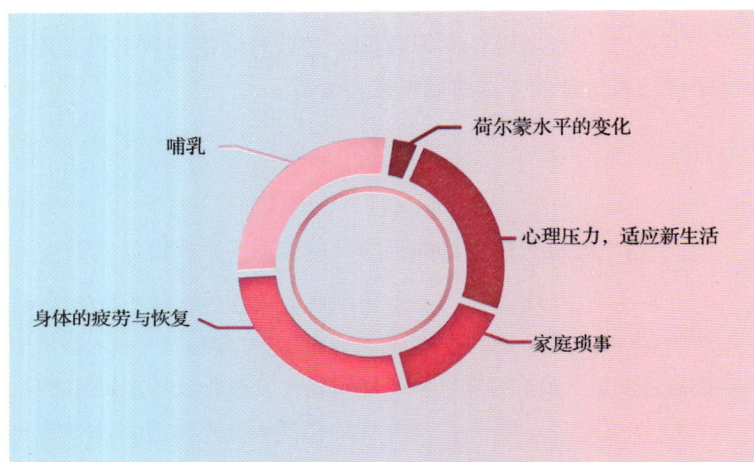

图 2-16　引起女性产后抑郁原因

设计师向对话机器人提问：

"请问当前治疗女性产后抑郁的方式主要包括哪些？"

"当前市场上治疗产后抑郁的主要产品包括哪些？"

"假如你是一位工业设计师，需要设计一款治疗产后抑郁的产品，请对市场上现有的产品进行分析，包括分类、数量等内容，找到潜在的设计方向。"

对话机器人给出了关于产后抑郁女性的治疗方式和市场现有治疗康复产品的数据，如图 2-17 和图 2-18 所示，以及一些建议与具体设计点。

（1）创新的心理支持工具。

（2）情绪管理工具。

（3）社交支持平台。

（4）营养和健康指导工具。

（5）育儿辅导工具。

根据对现有治疗产品的分类，设计师最终确定以硬件作为产品设计形式，在生理上提供治疗的设计方案。

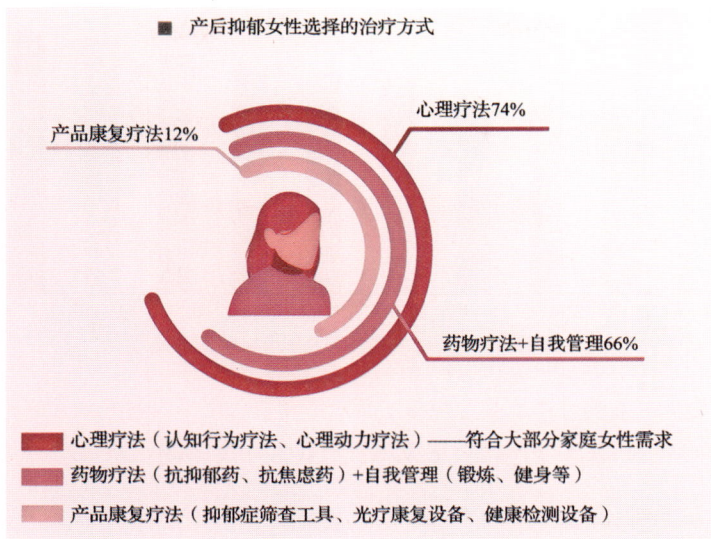

图 2-17　产后抑郁女性的治疗方式

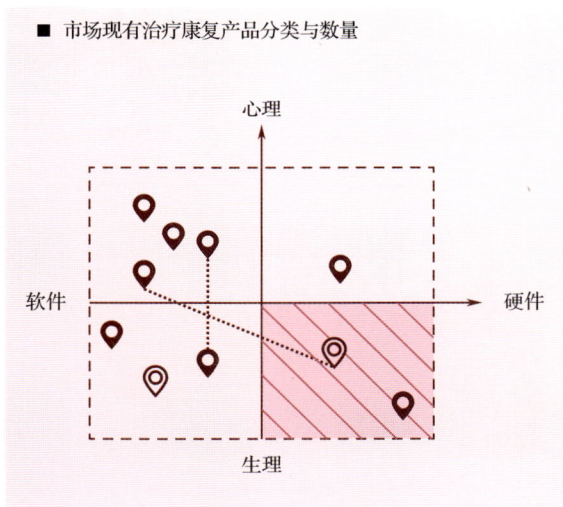

图 2-18　市场现有治疗康复产品

案 例

人工智能理发辅助仪——基于人工智能服务设计的辅助装置（1）

本案例以理发辅助产品作为设计对象，设计师通过对话机器人了解当前市场规模与趋势。

设计师告诉对话机器人："我需要设计一款理发辅助产品，请使用准确的数据对中国美容美发行业的市场规模进行分析与预测。"

设计师通过对话机器人得到相应的数据内容后，发现美容美发行业市场规模逐年扩大，但增长速率有所下降，如图 2-19 所示。

设计师随后探究原因，对市场及消费者情况进行调研，寻找设计机会点。

设计师向对话机器人提问："请问我国居民平均理发周期是多少？请分别对男性与女性进行分析。"

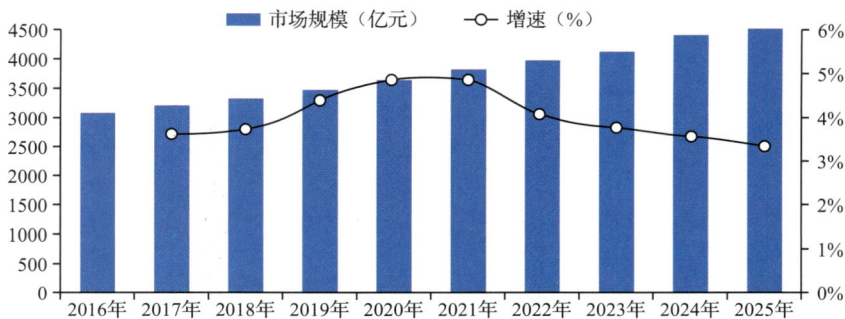

图 2-19　中国美容美发行业市场规模及预测

"请问影响消费者决策的因素主要有哪些方面？请分别叙述不同影响因素的比例及重要程度。"

设计师由此获取美容美发行业相关市场调研内容（如图 2-20、图 2-21 所示），以此作为支撑展开设计。

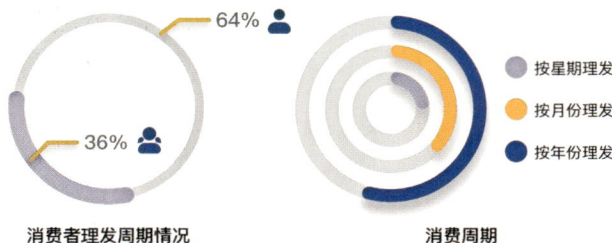

图 2-20　消费者理发周期

图 2-21　影响消费者决策因素

4．目标用户调研

通过模拟用户的方式，赋予对话机器人身份，以深入了解目标用户的需求、偏好和行为等。根据调研目标，可以设计一系列问题与对话机器人进行模拟对话。这些问题可以涉及产品功能、设计特点、用户体验等方面。问题需要具有开放性，以便获取更多有价值的信息。该过程可以使用定性和定量研究方法，如用户访谈、问卷调查、观察等，通过大数据搜集用户反馈和意见。

案例

基于脑电音乐冥想疗法的预防产后抑郁助眠仪设计（3）

本案例模拟一位患有产后抑郁的女性身份，向对话机器人提出了清晰、简明的问题，以获得有意义的回答。在对话机器人记录并对结果进行分析和整理后，进一步向其获取有关目标用户的观点、需求、问题等信息。对话机器人通过对用户数据进行搜集与分析，最终得出影响女性产后抑郁的主要原因与比例，使设计师对产后抑郁人群有了更清晰的认知，便于全面了解用户的行为和需求，根据用户的需求进行设计，如图 2-22 所示。

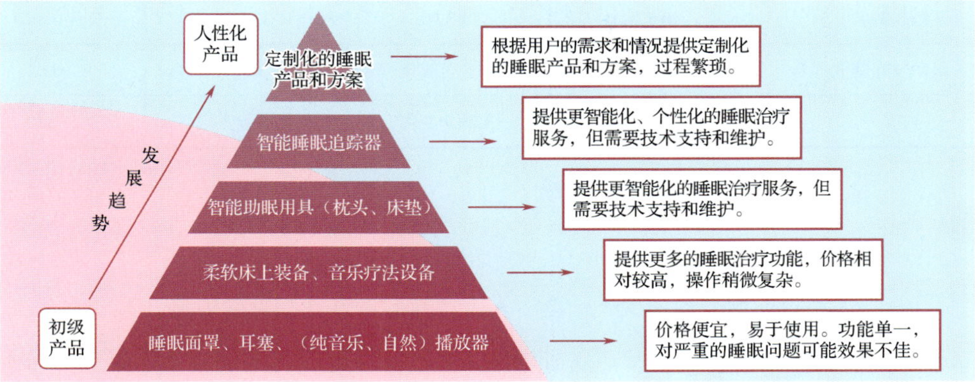

图 2-22　根据用户需求进行设计

5. 技术可行性分析

技术可行性分析用于评估产品设计方案的技术可行性，旨在确定产品设计方案是否能够在技术上实现，并评估所需的技术资源、成本和时间等因素。通过人工智能获取产品可行性数据，了解产品设计方案的技术可行性，并在设计早期阶段识别和解决潜在的技术问题，有助于确保产品在技术上可行，并成功进入实际生产和市场中。

案例

基于脑电音乐冥想疗法的预防产后抑郁助眠仪设计（4）

本案例尝试利用对话机器人获取产品可行性理论分析报告，由此获得启发，将理论用于实际产品的开发过程。调研所获数据包括情绪的脑机制、脑机交互、脑电音乐收发三个方面的数据；通过数据进行合理的分析，探索产品、技术、场景、功能四个方面的概念模型，并总结出设计点，如图 2-23 和表 2-3 所示。该方法能够基于大数据提供的现实依据与技术方法快速有效地针对产后抑郁患者身体机能进行科学设计。数据的获取过程快捷迅速，人工智能提供较为专业的概念与分析，帮助设计师更好地实现产品设计过程。

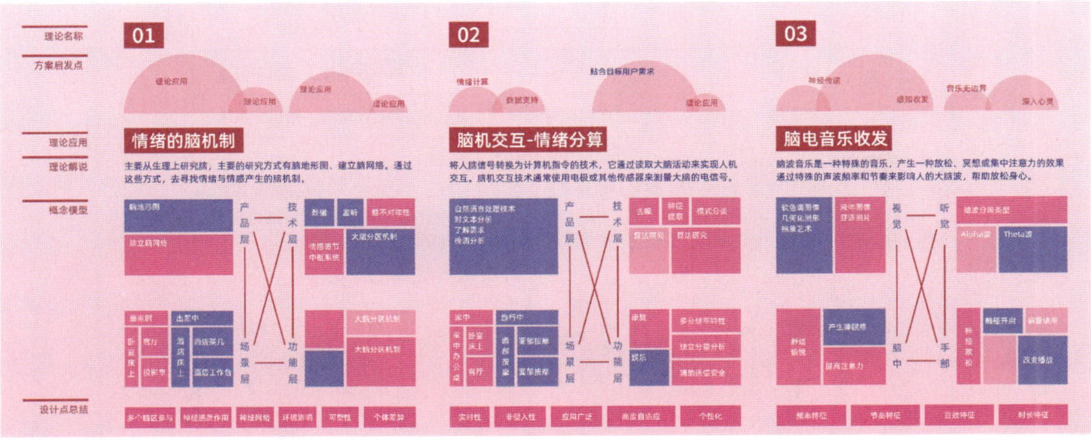

图 2-23　产后抑郁技术数据分析

表 2-3　聆听音乐前后脑电各项指标数据

项目	入睡时间减少	睡眠时长增加	深度睡眠时长增加	功率谱值增加
慢波睡眠脑波音乐	40.82%	21.32%	3.44%	0.83
快速眼动睡眠脑波音乐	42.39%	无显著变化	12.55%	0.02
白噪声	无显著变化	无显著变化	无显著变化	-3.95

案例

人工智能理发辅助仪——基于人工智能服务设计的辅助装置（2）

本案例旨在设计一款具有辅助功能的理发产品，对理发相关技术的正确分析有助于确定产品功能与形式。

设计师向对话机器人提问：

"我需要设计一款理发辅助产品，要了解相应的理发技术，请问具体都包括哪些方面？"

"如果我想设计一款可以带给用户定制化体验的理发产品，你认为通过什么技术可以实现？帮我做一下技术可行性分析。"

"利用 ×× 技术设计一款 ×× 产品是否可行？"

对话机器人思考后，给出以下可实现技术。

（1）3D 扫描技术。

（2）脸部识别技术。

（3）智能计算机视觉技术。

（4）人工智能语音交互技术。

（5）虚拟现实和增强现实技术。

理发相关数据，如图 2-24 和图 2-25 所示。

1.力度

力度是对头发施加的压力，是决定剪切线条是否清晰的主要因素。力度过大会影响剪切线，完成后的发型外线会有不平的现象，没有任何拉力完成的发型外线是干净的。拉力是决定线条个性特点的主要因素，同时决定外线是否干净。

第一种	————	没有力度
第二种	〜〜〜	有一点力度，常见于渐层
第三种	〜〜〜	力度比较大，常见于层次

2.方向

拉发片的方向决定所剪的形状。将发片拉离其自然垂落的方向，左右拉或者前后拉，可以剪出不同的形状，可以用来创造各种动感。在创建动感时，有三种不同的动感形态，分别是方形动感、圆形动感和三角形动感。它们是左右问题，所以我们只需要在水平面上提拉。

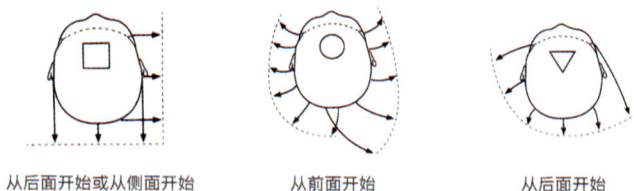

从后面开始或从侧面开始　　从前面开始　　从后面开始

图 2-24　理发动力学相关数据

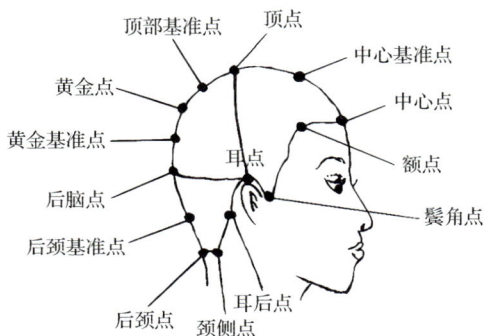

图 2-25　头部标准点位技术数据

6．竞争产品分析

在竞争产品分析过程，可以利用对话机器人来确定与产品或设计有直接竞争关系的公司或品牌数据，之后对竞争产品进行分析和比较。设计师可以从特点、功能、材料选择、生产工艺、用户体验等方面，审视自己的设计方案，识别竞争优势和劣势。设计师如果了解竞争产品的特点、优势和不足，就可以为产品设计提供参考和差异化策略。

案例

基于人工智能技术的可移动宠物监控摄像头设计（2）

在进行竞争产品分析过程中，设计师可以直接向对话机器人提出要求：

"请详细叙述目前中国市场现有的宠物监控产品的基本信息，包括产品设计风格、使用方式、具体功能等方面。"

"假如你是一名工业设计师，需要针对中国市场的宠物监控产品做竞争产品分析，请从实用性、交互方式、产品标签等方面分析。"

设计师通过对话机器人给出的回答，可以快速获取相关竞争产品的信息，为后续进行分析与探索提供支撑，如图 2-26 所示。

PRODUCT ONE

Petchatz
TARGET PRODUCT

产品标签

- 双视听互动
- 声音和运动触发智能视频录制
- 分为4种治疗方式（手动、应用程序、PawCall 或 Alexa）
- 扩散镇静芳香疗法用于缓解焦虑

多元化分析

实用性

交互方式

易用性

设计风格

可用性

PRODUCT TWO

Petcube Play
TARGET PRODUCT

产品标签

- 流畅的双向音频
- 摄像头提供 1080p高清实时流媒体视频
- 内置激光玩具

多元化分析

实用性

交互方式

易用性

设计风格

可用性

PRODUCT THREE

Furbo Dog Camera
TARGET PRODUCT

产品标签

- 360° 视角
- 即时双向语音
- 防破坏设计
- 趣味零食游戏
- 自动狗狗追踪

多元化分析

实用性

交互方式

易用性

设计风格

可用性

PRODUCT FOUR

逗宠玩具
TARGET PRODUCT

产品标签

- 一键用食
- 一键逗宠
- 视频实时查看

多元化分析

实用性

交互方式

易用性

设计风格

可用性

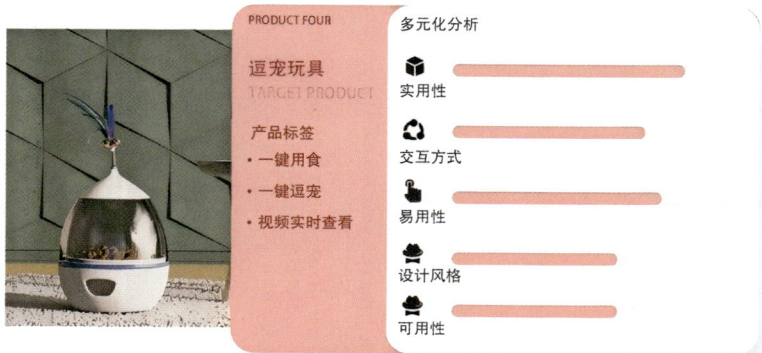

图 2-26　宠物监控摄像头竞争产品分析

7．评估与验证

实际上，对话机器人提供的回答可能基于模型对已有知识的理解，无法完全保证准确性，需要考虑它的真实性、一致性与相关性。对话机器人提供的市场调研内容可能受到模型训练和理解范围的限制，所以要以客观的眼光对待其回答，并结合其他数据和信息进行综合判断和解读。数据评估与验证也是贯穿整个市场调研部分的重要环节，为确保数据的准确性，可以从可信来源获取信息，对关键数据信息进行交叉验证。

2.3 产品（用户）需求分析

2.3.1 传统需求分析面临挑战

需求是产品设计的前提与基础，以人为本的设计理念是工业设计的重要保障，而用户需求是新产品产生的直接驱动因素。设计师应当从解决问题的角度出发，反复钻研产品对市场的价值机会。

产品只有是为满足人们的需求而生产出来的，受需求驱动，用户才需要产品。需求既不是功能又不是产品，需求是用户精神或心理面临的某个问题，产品或产品功能只是为了满足用户需求。

用户需求包含四个分析维度——真实性、一致性、价值性和可行性。不同的消费群体对应不同的消费行为，设计师需要挖掘和创造用户的潜在需求，主动积极地为用户提供其潜在需要的产品或服务。

对用户潜在需求的设计研究会加快市场的发展，也是当前产品设计的一大趋势。在产品设计领域，常用的用户需求分析方法主要包括观察法、用户访谈、问卷调查、焦点小组、同理心地图与用户旅程图，以及故事板。

1．观察法

观察法是在设计调研中最常见的基本方法之一，也是最方便和实用的。观察法一般是指设计师根据设计任务制定相应的设计目标、研究目的和观察列表，同时带着同理心去观察研究对象和事物，从中获取设计资料，从而为设计任务提供设计机遇点。观察法不是仅靠本能去观察的，而是通过科学制订计划，有目的、成系统地去感知用户和事物，同时还要借助一些现代化的仪器（录音机、照相机、摄像机等）来补充和完善。

观察法在设计调研中有着十分重要的意义，不管是创新设计还是改良设计，观察法都非常有优势。众所周知，设计是创造性的活动，建立在理论基础上，不是设计师拍拍脑袋就可以进行的。在设计调研开始阶段，设计师就要想到设计的本源——深入用户、了解用户、发掘用户，这样才能更好地发掘设计机遇点、产生创新点，设计调研需要的基本工具之一就是观察法。

观察法可以真实、细致地观察用户行为，得到用户痛点和真实需求。设计师借此能够更好地理解设计问题，并得出行之有效的概念，由此得出的大量视觉信息能够辅助设计师与项目利益相关者交流设计决策。

但是，观察法具有突出的局限性，即用户知道自己被观察时，其行为可能有别于通常情况。如果不告知用户而直接进行观察，就必须考虑道德、伦理方面的因素。此外，观察对象数量较少会存在偶然性问题，大量观察又会增加调研的时间成本。

2．用户访谈

用户访谈是设计师与受访者（通常是目标用户）面对面进行讨论，深入洞察特殊的现象、情境、问题和用户习惯等，能够更加深入地挖掘信息。在此过程中，设计师能够根据受访者给出的答案进行二次提问，直到得到期望的信息。但是，该方法具有以下局限性。

（1）受访者只能根据自己的直觉回答。

（2）访谈结果的质量取决于设计师的采访思路及采访技巧。

（3）受限于受访者的数量，访谈只能获得定性结果，如果需要进行定量分析，往往需要问卷调查法作为辅助。

（4）针对有些特定的设计问题，很难找到合适的访谈对象，或无法进行有效访谈，从而难以获知设计对象的真实需求，如为自闭症儿童所做的设计。

3．问卷调查

问卷调查是运用一系列问题及提示来设计问卷，从受访者处搜集所需信息的一种研究方法。问卷形式有多种，设计师可以根据实际情况选择面对面提问、电话问卷、互联网问卷及纸质问卷等方式。

问卷调查法是常用的定量研究方法，广泛用于用户需求研究阶段。该方法可用于搜集目标用户群对现有产品的使用行为和体验信息，能够帮助设计师获取用户认知、意见、行为发生的频率，以及对某种产品或服务感兴趣的程度，如图 2-27 所示。

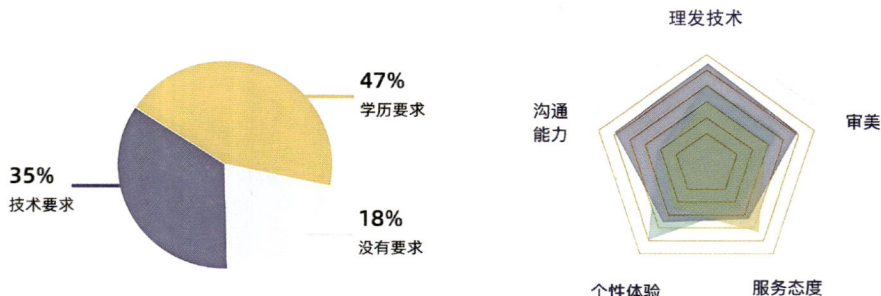

图 2-27　问卷调查结果分析——消费者对理发师的要求

问卷调查法被广泛使用，但存在局限性。该方法不能得到用户潜意识或情感化的信息，调查结果虽然可以用于定量分析，但往往比较抽象。此外，调研结果的质量与问卷质量（如问题的逻辑性、数量）及填写者的作答真实性密不可分。发布和收集一定数量的问卷需要花费一定的时间和人力成本，而调查得到的信息有限，往往要配合访谈法等其他方法一起使用。

4．焦点小组

焦点小组采取的是集体访谈的形式，讨论与某个设计有关的话题，访谈参与者主要集中于该设计的目标用户群。该方法与用户访谈类似，具有以下局限性。

（1）不适用于参与者对产品不熟悉的状况。

（2）小组进程对结果可能产生重大影响，某个意见领袖的观点可能影响其他人。

（3）每次讨论只有少数参与者，需要配合定量研究方法，时间成本增加。

5．同理心地图与用户旅程图

同理心地图是一种简单的、易于理解的视觉图像，通常包括说、做、想、感受等方面，它可以捕捉关于用户行为和态度的信息，是对用户假设的落地练习，如图 2-28 所示。设计师通过同理心地图，可以与用户建立联系，从而了解其欲望和需求。

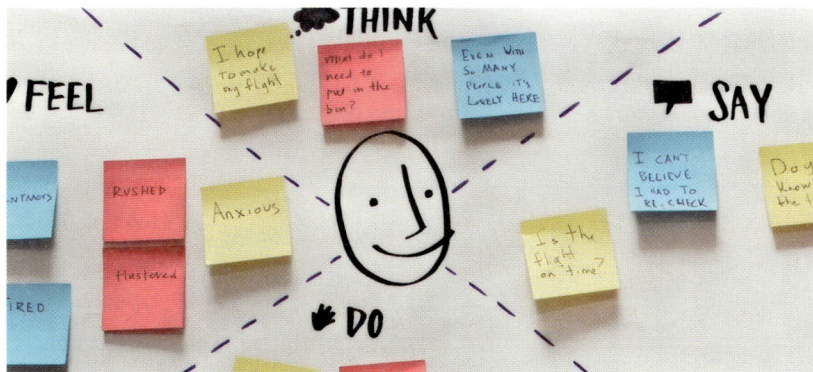

图 2-28　同理心地图

用户旅程图是用来了解用户在使用某个产品的流程或生活中的某个事情流程的各个阶段中的体验和感受，通常涵盖各阶段用户的情感、目的、行为及遇到的障碍、痛点，从而得出目标用户的需求与期待，如图 2-29 所示。

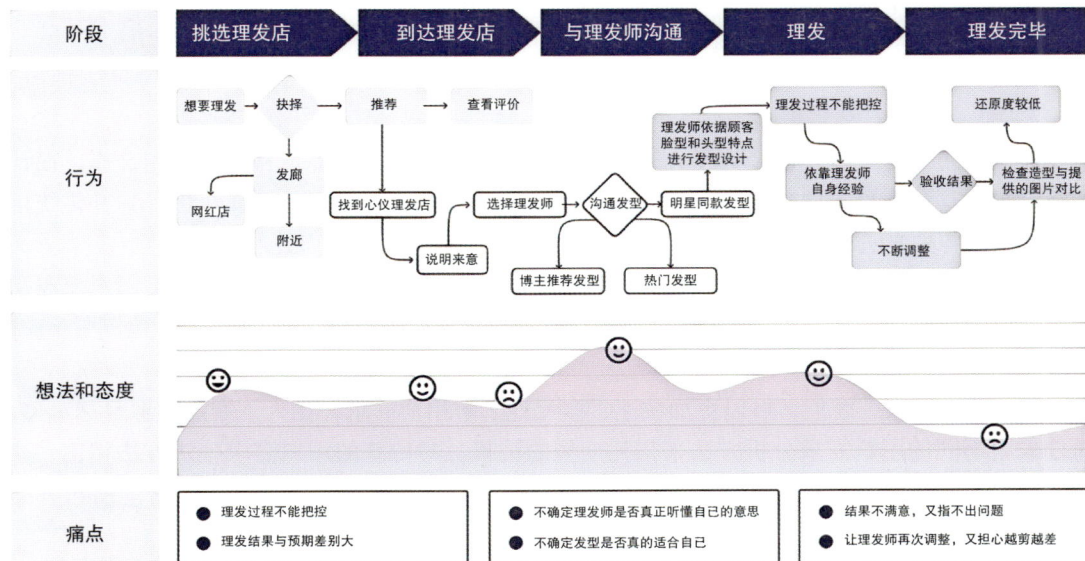

图 2-29　用户旅程图

以上两种方法都是从细节角度了解用户的深层需求，力求产生共情。其中用户旅程图通过分析各个阶段的行为发现问题，可以得出用户痛点具体聚焦于哪个阶段，从而能够更有针对性地进行下一步设计。

这两种方法是发掘用户需求的好方法，但都需要设计师详细思考产品使用细节，并发掘用户使用痛点及创新点。尤其是用户旅程图，内容和要点多，需要设计师持续保持创造力，还需要考虑大量的时间成本。

6. 故事板

故事板是用视觉化方式讲述故事的一种方法，它可以用来呈现特定创意在应用场景中的使用过程，有助于创意者理解目标用户（群）在产品使用中的交互情景、适用方式和大体时间。故事板可以是简单的草图，也可以包含一些评论和建议，如图 2-30 所示。

从某种程度上说，故事板像用户旅程图的绘画版，用于展示不同情景之间的关联，以及展示产生痛点的具体阶段。在产品设计过程中，以手绘方式绘制故事板，可以方便快捷地找到要解决的问题，这是故事板的最大优势。但是，如果手绘表达能力较弱，故事板的表达效果就会非常受限。

图 2-30　故事板

如今，人工智能时代已经到来，未来几乎在每项工作中人类都要和人工智能合作，设计师将会推进这种合作方式的落地。人工智能的加入将改变传统的产品设计流程，弥补传统用户调研阶段各种方法的局限性。

设计师通过与人工智能合作，进行探索性研究，可以了解用户面临的问题、用户痛点是什么，以及改善体验的机会点在哪里。设计师由此可以引导设计团队展开思考，创建一组符合成功标准的解决方案。

设计师借助人工智能，可以更加快速、多元地了解用户需求，让人工智能模拟目标对象，通过采用不同的用户需求分析方法来得到期望的结果。与传统的用户需求分析方法相比，这样做降低了时间和人力成本，而且为设计师提供了更多的可能性。但是，人工智能所给答案的真实性、有效性有待验证。

通过对比分析，我们可以了解到，利用用户观察、用户访谈等方法可以比较真实地获知用户的需求，具有强烈的价值性和有效性，问卷调查、用户旅程图等方法可以对其进行补充。但是，传统的用户需求研究方法需要花费较多的时间、经济和人力成本，往往需要多种方法共同进行。此外，用户观察、用户访谈、问卷调查等方法容易受到其他因素影响，如观察时的环境并非真实环境，用户访谈和问卷调查中问题的询问方式、语气、数量、逻辑等都会影响用户回答的真实程度。

除以上几种常用的用户需求分析方法外，还有许多方法可以得出相关结果。在设计调研过程中，设计师可以通过调研用户需求，分析得出目标用户、产品应解决的问题及机会点，进行人物画像绘制、需求优先级排序等工作。

传统的用户需求分析方法存在诸多优势，但存在无法避免的局限性，人工智能的出现为产品设计带来便利和更多的可能性，设计师需要合理且有效地运用人工智能，但如何正确使用人工智能，是需要认真思考的问题。

2.3.2　人工智能辅助用户需求洞察

1.　人工智能辅助的全新产品设计

未来，几乎每项任务都需要人类和人工智能进行合作。一个精益求精的产品设计团队应该特别考虑工具中的人工智能，包括它应该如何表现、学习和成长。设计团队需要一起想象未来，评估人工智能能力、考虑数据搜集和反馈的方法、分析产品的潜在负面影响，一步一步构建更加成功的工具产品。

传统产品设计流程：首先，花时间了解用户，进行探索性研究，了解目前如何解决问题，痛点是什么，以及改善体验的机会点在哪里。其次，为新的解决方案定义目标、原则和成功的标准。团队展开思考，创建一组能够满足成功标准的可能的解决方案。最后，构建一个轻量级的原型来测试解决方案，以获得反馈和信心，从而转向更具保真度的原型或发布版。

传统产品设计流程，如图 2-31 所示。

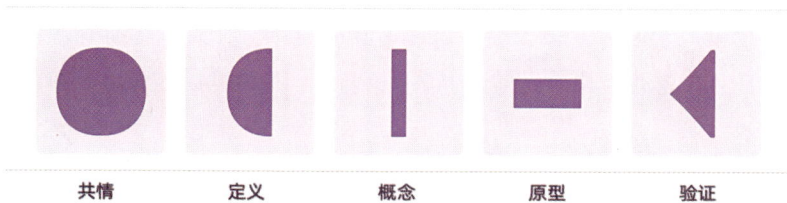

| 共情 | 定义 | 概念 | 原型 | 验证 |

图 2-31　传统产品设计流程

人工智能辅助的设计流程与之类似，但增加了一些重要步骤，如图 2-32 所示。其中有些步骤仅适用于基于人工智能的产品体验，这些步骤对人工智能至关重要，也可以为其他产品的构建增加价值。基于人工智能，可以更加快速地了解用户需求，让人工智能模拟目标对象，进行不同的用户需求分析，从而得到期望的结果。与传统的了解用户需求的方法相比，该方法减少了许多时间和人力成本，并且基于大量的数据库，可以为设计师提供更多的可能性。但是，人工智能所给答案的真实性、有效性仍然有待验证，后文将详细讲述。

当定义项目需求时，还需定义希望利用的人工智能能力，并了解它们是否已经成熟到可以使用。在构思时，仅构建一个解决用例的工具是不够的，还需要思考人工智能如何获取需要的数据，并随着时间的推移进行学习。最后，当真正开始构思想法时，需要花时间思考，如何最大限度地减少工具非预期的负面影响，或使用该工具的不当行为。

人工智能的出现为产品设计带来便利和更多的可能性，设计师需要合理且有效地运用，但如何正确使用，是需要认真思考的问题。

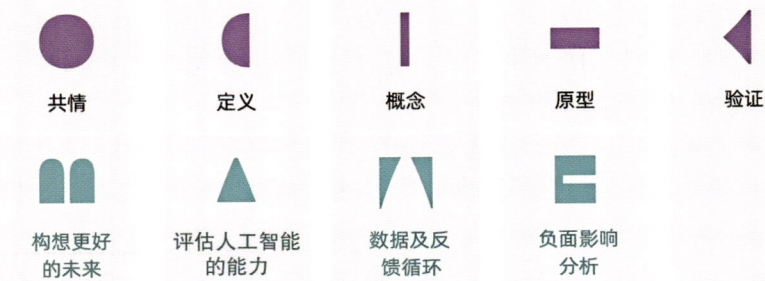

共情　　　　定义　　　　概念　　　　原型　　　　验证

构想更好　　评估人工智能　数据及反　　负面影响
的未来　　　的能力　　　馈循环　　　分析

图 2-32　以用户为中心的人工智能辅助产品设计流程

2．使用人工智能进行用户需求洞察

选择不同的主题与人工智能合作设计，通过提问人工智能得到设计调研阶段中的用户需求，之后对答案进行分析。标出答案中有直接作用的和有启发性意义的部分，并统计该部分占全部答案的比例，占比高的为正确做法，反之为错误做法。

（1）正确做法。

在现有的数据中，用户需求分析阶段主要运用用户访谈和用户旅程图两种方法。此外，运用人工智能辅助生成相应的用户画像。下面展示一些正确的提问方法，标注出有价值信息的占比，同时简单描述其占比高的原因并进行分析。

① 广泛提问，在众多信息中筛选。

当提问不需细化到某个具体问题，只需大致了解某个领域的时候，可以选择相对笼统的提问方式，这样得到的回答也较为宽泛。之后，从众多信息中筛选，可以得到相对有效的信息。总的来说，这属于"广撒网，多敛鱼，择优而从之"的思路。

设计师想要了解人们在厨房做饭使用厨具遇到的困难，可以直接向对话机器人提问："假设你是一个设计师，请做出关于厨具的用户需求分析。"对话机器人给出答案，从中可以大致了解用户需求。

② 告知对话机器人具体的需求，问题明确，无歧义。

提问时，说明白自己要得到什么形式的什么内容、自己的目的是什么、有什么特定要求等，将其一一明确展示。

设计师想设计一款儿童教育故事机，让儿童通过日常学习成长，但不知道从哪些方面入手，可以向对话机器人提问："作为一名家长，你最希望你的孩子从这款故事机中得到哪种知识，且在哪些方面潜移默化地影响孩子的成长呢？"

设计师想设计一款宠物小窝但缺乏设计思路，可以这样向对话机器人提问："作为一位敢于创新的产品设计师，对一款智能宠物小窝的设计，你有哪些方案？要求针对年轻白领养宠物人士，可以解决这类人日常缺少对宠物陪伴与关心不足的问题。"

③ 限定提问的特定条件。

加入提问限定条件，如设计对象、使用时间、使用环境等，以及具体设计什么、有什么要求等。这样的提问方式可以让对话机器人更清楚提问的目的，从而得到准确且有效的答案。

设计师想为上班族设计一款在通勤时使用的睡眠产品，可以让对话机器人辅助生成用户画像。这时，设计师可以尝试这样向对话机器人提问："我现在需要设计一款在公共交通工具上使用的辅助睡眠产品，为了让我对用户群体有一个直观的印象，请帮我生成朝九晚五上班族的典型用户画像，用户家与工作地点远一些。"

④ 赋予对话机器人角色。

在需求分析阶段，尤其是用户访谈时，可以尝试赋予对话机器人真实而具体的用户角色。针对图 2-33 所示的案例，可以直接告知对话机器人"若你是一位 5 岁孩子的母亲"，或"假如你现在是一位爱狗人士"。

图 2-33　特定身份与角色——5 岁孩子的母亲与爱狗人士

这样提问，更容易得到准确且有价值的答案，也可以在此情境下根据对话机器人的回答逐层深化提问，大大降低真实访谈环境的时间和人力成本。

设计师想设计一个智能厨房系统，希望通过用户访谈形式了解用户需求，可以用角色扮演方式和对话机器人多次进行对话和互动。例如，设计师可以这样向对话机器人提问：

"接下来，我要进行关于智能厨房系统的用户访谈，假设你是一位家庭主妇，请问你在厨房的日常体验是什么样的？有没有遇到什么问题或挑战？"

⑤ 逐层铺垫深化，按照逻辑提问，每个问题前后关联。

多次提问需要具有关联性，前面的问题为后面的问题做铺垫，这样可以根据人工智能给出的答案，选择一些有价值的答案进一步提问。

设计师想设计一款儿童教育故事机，希望通过角色扮演方式了解家长的需求，可以和对话机器人多次进行对话和互动。

设计师："请你扮演一位家长，你想为你的孩子购置一款儿童使用的智能故事机，我来扮演商家，请你针对你的需求和我进行角色扮演，并向我不断提出问题。"

对话机器人："……"

设计师："不对，你应该问得更细一点。"

对话机器人："……"

设计师："很好，请你继续针对功能方面提出你的问题和顾虑。"

以上是几个连续的关于用户访谈的问题，几个问题具有递进性，使有用信息的占比越来越高。如果想得到更详细的、更全面的信息，就可以通过较为全面的提问方式进行提问，避免得到冗杂的回答。

（2）错误做法。

① 在问题中出现多个并列对象，容易引发歧义。

当问题中出现多个并列的对象时，对话机器人往往很难逐一并列回答，提问方式有时也可能产生歧义。这时回答中多个对象对应的内容与真实情况不一致，会出现拼凑不实信息的情况。

设计师想做关于智能厨房的竞争产品分析和用户需求分析，尽量避免这样提问：

"请帮我做一个智能厨房、智能厨具、智能炉灶类产品的用户需求分析。"

"请告诉我近几年国际上比较出名的智能厨房、智能厨具、智能炉灶类产品及产品介绍。"

② 避免向对话机器人提出以"品牌、竞争产品"为关键词的问题。

对话机器人的数据库以国外的品牌信息为主，因此提问关于竞争产品的情况时大多给出的是国外的相关产品。因此，在做竞争产品分析时，应该明确一下范围。

③ 提问过于宽泛，缺少限定条件（针对性），不够具体。

直接使用"用户需求"等专业词语但不加以解释，这里的"用户""需求""目标人群"缺乏针对性，对话机器人不知道具体的提问范围，很可能出现宽泛性回答。

设计师想做关于旅行的装备，需要进行用户需求分析，尽量避免用以下方式提问：

"旅行者在准备旅行前，都有哪些需求？请分析一下。"

"需求"往往无法通过直接向人工智能提问来得到，在进行用户需求分析时，可以选择其他提问方式，从侧面得到相关内容。

④ 避免出现描述不清的程度副词。

在向对话机器人提问时，避免出现类似"新型""好的"这样的词语，说不清楚具体的含义与定义，对话机器人难以给出有效的回答。

⑤ 使用引导性问题。

不论是与对话机器人对话还是在真实环境下与人交流，引导性提问都是实际意义较低的问题。应该从更多的角度，侧面向对话机器人询问用户需求和观点，来验证自己想得到的答案，而不是直接问。

例如，尽量避免用以下方式提问：

"你在旅行的时候会注意自己的安全吗？"

"你愿意多尝试一些新的产品帮助孩子吗？"

"如果有一种产品可以改善你的上班通勤体验，你愿意尝试吗？"

（3）利用人工智能辅助需求分析的使用技巧总结。

公式：想得到的内容＋要求＋角色（＋例子）

常用关键词：根据以上内容，具体，详细介绍，以……形式呈现，回答方式

① 注意说清楚自己的具体需求：想要什么内容和对表现形式的要求。

适当设置限定条件，提问词要精准且明确，不能太宽泛，不能引起歧义，同时避免出现描述不清楚的程度副词，要注意针对性。

② 提前规划好要提问的问题，保证问题具有递进性、逻辑性、推进性。

提问时注意逐层铺垫和深化，各问题之间按照逻辑提问，前后关联，如图2-34所示。最后一个问题可以让对话机器人总结前面的内容，进而获得总结性的、可用性较高的信息。

图 2-34　提问要注意逻辑性

此外，针对同一个问题，可以使用不同的提问方式多次提问，进行迭代；也可以尝试将大问题分成多个小问题进行提问，以获取更多细节。

③ 可以给对话机器人赋予特定角色。

赋予对话机器人特定角色的方法尤其适用于需求分析中非常重要的一步——用户访谈阶段，模拟真实场景中人与人的对话，赋予角色一些限定词，告诉它这个角色要干什么，有什么特征，以及接下来要提问什么内容。但是，需要注意，对话机器人辅助访谈具有许多局限性，对话机器人回答的真实性有待考量，后期仍然需要对真实用户进行访谈。

④ 其他建议。

在保证问题详细明确的前提下，尽量精简文字，避免模糊的提问方式和过于宽泛的用语。在提问时，可以使用"例如"等方式，为对话机器人设定回答范围与标准，便于得到精确的信息。此外，要注意与对话机器人对话的前提是必须遵守法律与道德伦理。

2.3.3 数据驱动的产品需求分析和用户画像构建案例

用户需求分析是设计调研阶段的重点，设计师合理且有效地运用人工智能，将会为产品设计带来便利。

用户需求分析的重点集中在前期需求探索及用户访谈部分，之后根据以上内容形成对应的用户画像，借助人工智能进行需求分析，能够大大提高工作效率。

1. 通过人工智能了解大致需求

万物互联，人工智能将逐渐全方位地参与并了解人们的生活，因此可以通过人工智能初步了解用户需求，如图 2-35 所示。设计师可以先赋予对话机器人角色，之后明确告诉它需要得到的用户需求分析的内容，包括目标用户、用户需求调研、用户行为习惯分析、竞争对手调研、用户反馈和满意度分析等。设计师提出要求后，对话机器人会依次给出答案。

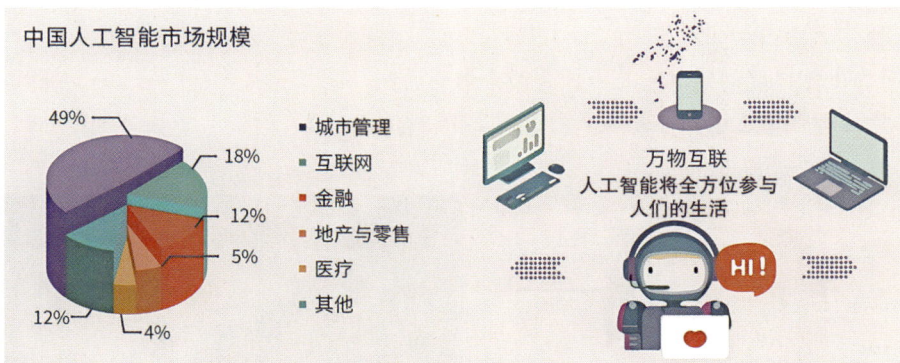

图 2-35　人工智能 + 万物互联

例如，设计师想设计一款儿童教育故事机，让儿童通过日常学习成长，这款产品的消费者是儿童父母，但设计师不知道儿童父母对此有什么需求，不知道从哪些方面入手。在这种情况下，设计师可以参考以下方式向对话机器人提问：

"如果你是一名工业设计师（角色），你现在需要设计一款儿童智能故事机（设计核心 / 目标），面向 4 ~ 12 岁儿童（为谁设计），要求从产品定位、目标用户行为习惯、消费习惯等方面（要求）进行用户需求分析（最终想得到的内容），字数在 300 字左右（要求）。"

对话机器人给出答案后，设计师可以从答案里选择有价值的部分，进一步完善与深化。在与对话机器人对话的过程中，通常很难通过一个问题就得到非常有价值的结果，需要有耐心地多次提问，注意逻辑性，层层细化，逐步深入。

例如，设计师可以这样向对话机器人提问：

"请继续从故事机的故事类型、互动方式，以及产品的价格、材料、功能、便携性、安全性等方面（要求）深入分析用户需求。"

2. 人工智能辅助＋线下交流，进一步挖掘用户需求

在大致了解用户需求之后，可以更加有针对性地进行后续的需求挖掘，这一阶段通常采用用户访谈、问卷调查及焦点小组等形式展开。与对话机器人对话可以得到一些调查问卷内可用的问题，也可以为对话机器人赋予角色模拟用户访谈过程，为后续实际的线下调研提供参考与指导。

在和对话机器人对话的过程中，无论是设计师还是对话机器人本身都对这一话题有基本了解，可以基于此继续深化。对话机器人辅助设计问卷，也建议先赋予角色，让对话机器人扮演一名市场调查分析师，告诉它要设计的产品、为谁设计、有什么功能等，请对话机器人根据要求设计市场调查方案，并设计市场调查问卷。

这里继续以儿童故事机为例，向对话机器人提问关于市场调查问卷的书写：

"如果你是一名市场调查分析师（角色），产品设计部门想设计一款针对儿童使用的投影故事机，请为此设计市场调查方案（内容），并设计市场调查问卷（要求）。"

即便非常便利，对话机器人设计的市场调查问卷也只是参考，与设计师相比必然缺少一些同理心与人情味，需要进一步完善，即将对话机器人给出的问题进行筛选并与小组成员进行线下交流，综合得到最合适、最容易理解且具有同理心的问题，并进行真实的目标用户问卷调查，即人工智能辅助与线下讨论相结合。

例如，设计师想了解产后抑郁影响女性心理健康的情况，在调查问卷中可以这样提问：

"您作为一位新手妈妈，或许经常出现情绪波动，我十分理解并表示同情，请如实回答，不必有负担。"

"请问你出现产后抑郁通常是由什么因素影响的？"

女性产后抑郁问卷调查部分结果，如图 2-36 所示。

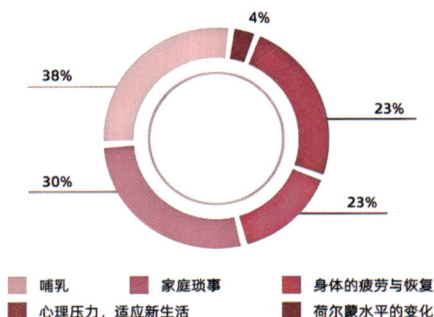

图 2-36　女性产后抑郁问卷调查部分结果

在问卷调查后往往会进行用户访谈，在访谈过程中仍然建议先赋予对话机器人一个角色，通常是访谈对象的身份，如图 2-37 所示。之后，向对话机器人提出在访谈过程中的要求，开

始访谈。在访谈过程中，如果对话机器人反馈的内容有价值，可以按照其所给内容选择感兴趣的部分进行深化。如果对话机器人反馈的内容与自己最初的想法相悖，就及时告诉对话机器人应该如何修改。

设计师在提问时通常让对话机器人扮演目标用户。这里仍旧以儿童故事机为例，设计师可以这样向对话机器人提问：

"请你扮演一名家长（角色），你想为你的孩子购置一款儿童使用的智能故事机，我来扮演商家，请你针对你的需求和我进行角色扮演，并向我不断提出问题（要得到的内容与要求）。"

图 2-37　人工智能辅助 + 真实访谈

在用户访谈阶段，设计师要把对话机器人真正当成一个真实的访谈对象，不断提问，以求得到有价值的结果。在这里，尤其要注意与对话机器人对话的逻辑性，逐层深入。

例如，设计师可以这样向对话机器人提问：

"作为一名家长（角色），你最希望你的孩子可以从这款故事机中得到哪种知识，且在哪些方面潜移默化地影响孩子的成长？"

人工智能辅助用户需求分析为设计师带来很大的便利，也节省了许多时间成本，但仍然存在有效性和真实性的限制。例如，问卷调查需要人工智能辅助 + 线下小组讨论，而用户访谈则需要人工智能辅助 + 线下真实访谈，在互相补充的同时也可以对对话机器人提供的内容进行验证。

3. 人工智能辅助生成用户画像

基于问卷设计与用户访谈等需求分析，可以让人工智能继续辅助设计师生成用户画像，之后根据需求对其进行删减和深化。需要注意的是，人工智能的数据库往往默认为国外数据，人工智能进行竞争产品分析、绘制用户画像时，往往基于国外的资料生成答案，这时需要注意在提问时设置好限定条件。

利用人工智能生成用户画像的过程与用户访谈过程类似，需要说清设计内容、设计对象、设计要求，设置好限定条件，如"50字以内 / 中国用户 / 从……方面写"。在向对话机器人提问时，将目的和要求写好，让其生成一个用户画像。

例如，为了预防诱拐儿童事件发生，设计师希望根据儿童和家长的需求做一款帮助家长监控儿童的儿童勋章，针对用户画像的绘制，可以这样向对话机器人提问：

"请你做一个关于预防诈骗和诱拐儿童的产品的用户画像（内容），我希望你能给他们起一个形象的名字，如爱玩游戏的乐乐，每个形象用 100 个左右的词语描述，记得起一个具体清晰的中文名字（要求与限制条件）。"

如果对话机器人提供的用户画像不够详细，那么可以继续提问，说清楚要求，如希望用户画像包括哪些内容。

例如，设计师可以继续这样向对话机器人提问：

"你可以针对此款产品给我生成一个尽可能详细的用户画像吗？包括姓名、年龄、性别、技能、爱好、需求、家庭环境等（要求）。此外，请针对儿童生成对应儿童家长的画像。语言尽量精练（要求）。"

设计师根据对话机器人提供的内容，自行选择有效回答并加以完善，最终得到用户画像，如图 2-38 所示。

图 2-38　人工智能辅助生成的用户画像

4．人工智能辅助生成用户旅程图

用户旅程图通常是一个过程的可视化，设计师可以告知对话机器人想得到的内容，然后让对话机器人生成每个阶段的文字部分，之后自行进行可视化设计。

这里仍然以家长用于安全监控儿童的儿童勋章为例，设计师可以通过和对话机器人对话，生成用户旅程图的文字部分，可以采取这样的提问方式：

"请你帮我生成一份关于儿童被诱拐的用户旅程图（内容），包括每个阶段家长和孩子的情绪、痛点问题以及机会点（内容）等，请按照阶段（要求）以文字形式列出这些内容。"

思考题

1．人工智能通过数据驱动和生成式技术，为工业设计中的用户需求分析提供了全新路径，请分析人工智能在用户需求洞察中的核心作用。

2. 通过分析用户行为数据，人工智能如何帮助设计师突破传统调研的局限性？是否存在过度依赖数据导致的"创意同质化"风险？

实践题

智能手表产品分析与改进

以小组为单位对某品牌智能手表产品进行升级优化，利用人工智能工具收集智能手表市场的相关调研数据，包括用户需求、竞争产品特点、市场趋势等。基于收集到的数据，对品牌现有的智能手表进行全面分析，找出产品的优势、劣势、机会和威胁，并提出具有针对性的产品改进设计方案。

具体要求：

1. 运用至少两种人工智能工具获取市场调研数据。
2. 对收集到的数据进行整理和分析，制作数据可视化图表。
3. 撰写详细的产品分析报告。
4. 设计方案需要具有创新性和可行性，充分考虑用户需求和市场趋势。

第 *3* 章
人工智能辅助设计创意构思与生成

3.1 产品定义

在当今快节奏的社会，产品设计扮演着至关重要的角色，直接影响着人们的日常生活和用户体验。产品定义作为设计过程中的关键环节，决定一个产品的方向、特征和功能。然而，随着市场需求和技术变革的不断演进，传统的产品定义流程面临许多挑战。

3.1.1 产品定义的重要性与挑战

产品定义是产品设计过程中的基石，决定产品的特征、功能和目标受众。市场和用户需求不断变化，传统的产品定义流程无法满足新的挑战和机遇，重新思考产品定义流程的重要性在于确保产品与新的市场需求相契合，并通过寻找新的方法与工具使设计师更加了解用户需求、市场趋势和竞争环境，从而确保通过有效的产品定义来创造出更符合市场需求的产品。

1. 什么是产品定义

产品定义是对前期调研内容的提炼，也是后续展开头脑风暴进行设计方案推导的一个非常重要的设计流程，它为设计师的设计工作奠定了基础。

（1）产品定义需要深入了解目标用户群体，包括他们的特征、偏好、行为模式和需求。通过市场调研和用户反馈，设计师可以获取关于用户需求和痛点的有价值信息，从而更好地满足用户需求。

（2）产品定义需要明确产品定位和解决问题的能力。设计师需要确定产品针对的核心问题，并明确产品如何通过提供特定功能或服务来解决这些问题。这有助于确保产品具有清晰的目标，并能够与竞争对手区分开来。

（3）产品定义需要考虑产品的设计要素，包括外观、用户界面、用户体验等方面。通过综合考虑功能性、可用性、易用性及美学等因素，确定产品的设计风格和指导原则，实现用户满意度和品牌价值的最大化。

2. 产品定义要素

产品定义对设计师来说是创造清晰、一致且成功的产品的基础。产品定义要素，如图 3-1 所示。

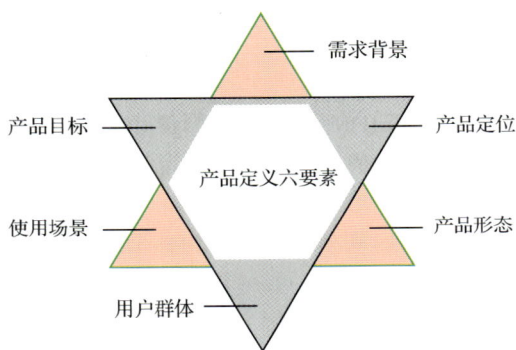

图 3-1　产品定义要素

（1）产品定位。

产品定位是产品在市场中所占的位置，以及与竞争对手的区别。它体现了产品在特定领域的目标市场、受众和差异化特征。产品定位需要明确产品的核心价值主张，即产品能够解决什么问题或提供哪些独特的功能。

（2）产品目标。

产品目标是明确产品设计希望实现的具体结果，如销售数量、市场份额、用户满意度等方面的目标。产品目标需要是具体、可衡量和可操作的，以便为设计过程提供明确方向和评估标准。

（3）需求背景。

需求背景涵盖产品设计的基本原因和背景信息。通过了解需求背景，设计师可以更好地了解产品的起源、发展动机和市场需求。需求背景有助于设计师加深对问题的认识，并为产品设计提供更好的参考。

（4）用户群体。

用户群体指产品的目标用户和潜在用户。设计师需要对用户进行详细的调研和分析，包括用户的特征、行为模式、需求和偏好。设计师了解用户群体，有助于确定产品各方面的设计要求。

（5）产品形态。

产品形态描述产品的外观、结构和材料，以及与用户进行交互的方式。产品形态对用户吸引力和产品感知有很大影响，在产品定义中应该明确指定所需的产品形态元素。

（6）使用场景。

使用场景描述产品在实际使用过程中的环境、情境和条件。设计师了解不同的使用场景，可以更好地了解用户需求，设计适应性强的产品并优化用户体验。使用场景还可以提供关于产品在特定情况下的性能和功能需求方面的信息。

以上要素在产品定义中是相互关联的，设计师综合考虑这些要素，可以建立起全面而准确的产品定义，为后续的产品设计工作提供清晰的指导。

3．产品定义的重要性

产品定义的重要性体现在以下五个方面。

（1）引导创新和创意。

产品定义阶段可以激发团队成员的创造力，促使其提出新的想法和解决方案。设计师通过明确产品的目标、功能和特性，能够为团队提供一个共同的创作框架，鼓励创新思维并推动产品不断演进。

（2）确保用户需求得到满足。

产品定义是了解和分析用户需求的关键阶段。在这个阶段，设计师需要与用户互动，搜集反馈信息，并将其转化为明确的对产品的要求。通过深入了解用户的期望和面临的挑战，设计师能够确保最终产品满足用户的需求，并提供优秀的用户体验。

（3）提供明确的产品方向。

产品定义确定产品的愿景、目标和核心功能，为整个团队提供一个明确的方向。它能够帮助团队成员了解产品的定位和目标市场，并使两者在产品开发过程中保持一致。明确的产品方向有助于团队成员更好地分工合作，避免产生冲突或偏离原始目标。

（4）促进有效沟通与合作。

在产品定义过程中，设计师需要与多个利益相关者进行沟通和合作，如开发人员、市场营销团队和企业高管等。不同的团队成员，通过共同参与产品定义可以协商并达成共识，确保各方对产品的期望一致，并有效促进团队沟通与合作。

（5）提高项目成功率。

良好的产品定义可以减少项目失败的风险。在产品定义阶段，设计师可以识别并解决潜在的问题，避免在后续的开发阶段浪费时间和资源。设计师通过明确定义产品范围、目标和关键要求，可以为整个项目设定清晰的目标，提高项目的成功率。

4．传统产品定义方法

（1）5W2H法。

5W2H法是一个问题解析工具，设计师通过回答问题"是什么"（what）、"为什么"（why）、"谁"（who）、"何时"（when）、"何地"（where）、"如何"（how）、"多少"（how much）来全面了解和定义产品。

例如，设计一款智能家居控制系统，使用5W2H法，可以回答表3-1所示的问题。

表3-1　5W2H法举例

问　　题		回　　答
what	是什么	这是一款智能家居控制系统，用于实现家庭自动化和远程管理
why	为什么	为了提供便捷、安全和舒适的居住体验，节省能源和增加家庭安全性
who	谁	适用于那些希望远程控制照明、温度、安防等家庭设备的用户

问　题		回　答
when	何时	随时可用，无论用户在家还是外出
where	何地	适用于任何家庭或住宅环境
how	如何	通过智能手机应用程序或语音助手与各种设备进行交互和控制
how much	多少	具体成本取决于功能需求和设备数量

智能家居系统使用场景，如图 3-2 所示。

图 3-2　智能家居系统使用场景

（2）电梯宣言。

电梯宣言是一种简洁而有力的表述，用于概括产品定义的核心要点，就像在电梯里进行快速介绍一样。

例如，设计一款智能手表，用于监测用户的健康状况并提供定制化的健康建议，使用电梯宣言法，可以进行如表 3-2 所示的描述。

表 3-2　电梯宣言法举例

项　目	描　述
核心功能	智能手表，监测健康并提供定制化建议
目标用户	关注健康和追求积极生活方式的人群
竞争优势	准确的健康数据搜集、智能分析和个性化建议
价值主张	帮助用户更好地了解自己的健康状况，提供实时指导和改进建议

设计师通过电梯宣言法，可以简洁明了地传递产品的核心信息和价值，让人们快速了解产品的优势和特点。

（3）其他传统产品定义方法。

对纯粹的信息，如果没有进行分析，它们就无法作为决策参考或为产品带来竞争优势。真正能够为产品定义提供帮助的是那些经过处理和分析的信息。除了 5W2H 法和电梯宣言，还有一些常用的方法可以帮助设计师进行产品定义，下面以设计一款台灯为例对其中几种方法进行说明。

① 用户故事地图。

用户故事地图可以帮助设计师了解用户在不同使用场景下对台灯的需求和使用台灯的行

为。设计师通过创建用户故事地图，可以描述用户从开灯、调节亮度、切换模式到关灯等各个环节的体验，以设计出更符合用户使用习惯和需求的台灯界面和功能。

② 价值主张画布。

设计师使用价值主张画布可以明确台灯的核心价值，如提供舒适的照明、个性化的光线设置，以及节能和环保等优势。同时，设计师可以定义目标用户，如居家办公人群；还可以定义台灯的关键功能和竞争优势，如自动亮度调节和手机远程控制等。

③ 需求矩阵。

需求矩阵可以帮助设计师将用户需求与产品功能进行对比。例如，对于学习台灯，设计师可以使用需求矩阵来比较不同用户群体（学生、职场人士和老年人）的需求，并确定哪些功能是必备的（例如，护眼照明和倒计时功能），确定哪些功能是可选的（例如，闹钟和 USB 充电口）。

④ 竞争产品分析。

竞争产品分析可以帮助设计师了解市场上已有台灯的特点和不足之处。例如，设计师可以通过竞争产品分析来研究市场上已有台灯的灯光效果、操作便捷性和用户体验，并找到差异化机会，如更多的灯光模式或更智能的声控功能。

⑤ 故事板。

设计台灯用户界面，故事板可以帮助设计师描述用户在日常使用中的交互过程和场景。设计师通过创建故事板，可以描绘用户从开灯、调节亮度、设置定时器到选择灯光模式等整个流程，以便设计出符合用户需求、易于操作的台灯界面和功能布局。

⑥ 心智图。

心智图可以用于整理和展示各种相关想法、概念和关系。例如，设计新型智能环境感知台灯（如图 3-3 所示），设计师可以使用心智图将不同的传感器、光线调节算法和用户偏好连接起来，形成完整的系统视角，并发现新的设计创新点。

图 3-3　智能环境感知台灯

5. 传统产品定义方法的局限性

在运用传统方法进行产品定义时，通常会采取以下操作。

（1）搜集信息。

搜集与产品相关的各种信息，包括市场调研数据、用户反馈、竞争产品分析、行业趋势等。

这些信息可以帮助设计师了解市场需求、用户需求和竞争环境。

（2）初步整理。

对搜集到的信息进行初步整理和分类。将相关的信息归类，并筛选出与产品定义相关的关键信息，有助于建立一个清晰的框架和基础，为后续的定义工作提供指导。

（3）使用5W2H法进行问题解析。

使用5W2H法提出一系列关键问题，以全面了解和定义产品。通过回答这些问题，获得涵盖产品核心功能、目标用户、市场定位、使用场景、实现方式等方面的信息。

（4）整合和梳理。

根据对问题的回答和搜集到的信息，对产品定义进行整合和梳理。将各个方面的信息整合起来，形成准确且完整的产品定义，确保产品定义具备逻辑性和一致性。

（5）核查和验证。

核查产品定义是否符合先前搜集的信息和目标要求。对产品定义进行验证，确保产品定义能够满足用户和市场需求。

传统产品定义经过以上具体步骤，在人工智能迅速发展的今天，其存在较多局限，包括以下几个方面。

（1）主观偏差。

传统方法依赖人工思考和回答问题，可能存在主观偏差。个人的经验、偏好和知识水平等因素可能对产品定义产生影响，导致产品定义结果偏离客观实际需求。

（2）信息遗漏。

传统方法在回答问题时可能遗漏关键信息。由于依赖人类记忆和思维能力，产品定义有可能忽视或遗漏一些重要的产品特征、功能或目标用户需求。

（3）依赖领域专家。

某些产品领域需要专业知识和深入了解才能准确定义。传统方法需要依赖领域专家参与，可能限制产品定义的范围和速度。

（4）无法预测未来发展。

传统方法通常基于已知的市场需求和经验进行产品定义，难以预测未来的发展趋势和创新方向，可能导致产品不具备适应未来变化的灵活性和创新性。

（5）缺乏自动化和实时更新。

传统方法在处理大量产品定义需求或需要频繁更新产品定义时，缺乏高效的自动化和实时更新能力，可能导致定义过程耗时且难以跟上市场变化的速度。

需要注意的是，传统产品定义方法在当前仍然具有优点和适用场景，可以与其他方法结合，以弥补其局限性。

3.1.2　人工智能驱动产品定义

随着对话机器人的出现，产品定义迎来一系列新的变化。设计师通过与对话机器人交互，可以获取不同的思路和概念，拓宽设计视野，为产品定义带来更多创意和灵感，还可以尝试新的设计方案。这样的变化有助于设计师打破传统思维定式，开拓新的产品定义的可能性。

1. 洞察机会

在设计新产品时，机会是指关于开发新产品的任何想法，可以是对产品的最初描述、一种新的需求、一种新发现的技术，或者一个初步需求与解决方案的联系。

采用双钻模型设定的思考框架，可以使原本不可见的思考过程呈现出来，使设计师增加对设计方案演绎过程的理解，同时提高团队合作认可度和合作效率。

双钻模型的第二步"定义"是将第一步"发现"的问题进行思考和总结，筛选出有效的信息，从而确定关键问题，如图3-4所示。因此，产品定义阶段关注的焦点是用户当前最关注且最需要解决的问题，根据已有的资源状况做出取舍，并将注意力聚焦在核心问题上。

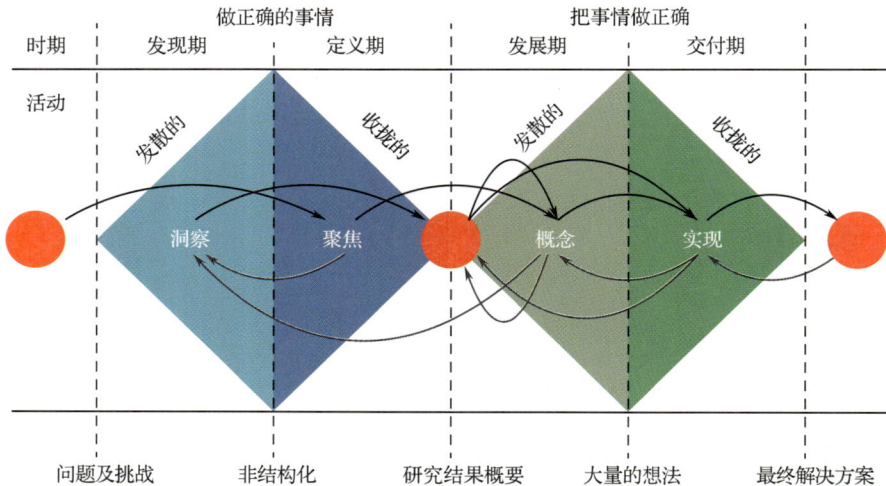

图 3-4 双钻模型（定义聚焦）

在产品开发初期，由于对未来情况不确定，可以将机会看作一种尽可能创造价值的假设。对生产消费品的公司来说，如宝洁公司，其机会可能就是一款消费者建议的新类型的清洁剂。对生产材料的公司来说，如3M公司，其机会可能就是一种具有特殊性能的聚合物。

例如，设计师想为出生后第一个月内面临健康问题的婴儿设计产品，可以做出如图3-5所示的假设。

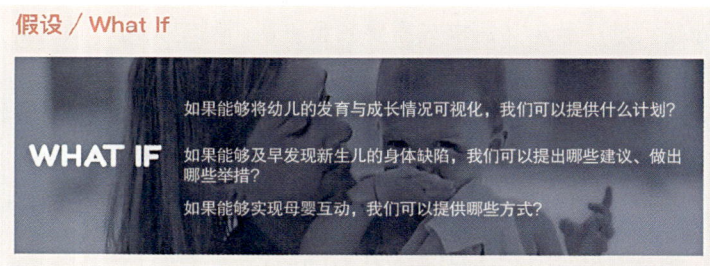

图 3-5 婴儿健康产品假设

然后，设计师带着问题思维与意识，可以洞察到以下几个机会点。

（1）家长需要了解婴儿健康问题的预防和解决方法，以便及时采取措施，避免健康问题发生。

（2）医生和营养师需要及时了解婴儿的健康状况，以便及时进行干预和治疗。

（3）婴儿出生后第一个月面临各种健康问题，如黄疸、窒息、感染等，需要及时进行监测和预防。

（4）婴儿出生后第一个月的健康状况对其后续的生长发育和智力发展有重要的影响，需要引起家长和医生重视。

（5）婴儿出生后第一个月，需要特别关注其饮食、睡眠、体温等方面，以保证其身体健康和正常发育。

2．基于产品定义的创新分类

设计师通过与对话机器人进行交流，可以借助对话机器人生成不同角度的产品定义。这种方式可以提供结构化的方法，深入了解用户需求，促进创新和洞察力的提升，以及加强产品定位和差异化。基于产品定义的创新分类，如图3-6所示。这样的分类使设计师能够更有针对性地开发出符合市场需求且具有竞争力的产品。

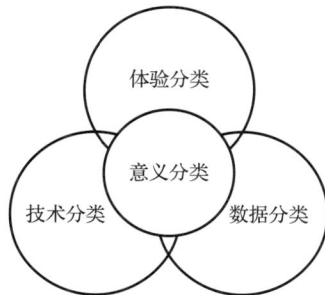

图 3-6　基于产品定义的创新分类

（1）数据分类。

在数据驱动的产品定义中，对话机器人可以帮助设计师分析、理解和利用大量的用户数据。通过处理这些数据，对话机器人可以揭示用户行为模式、消费偏好和市场趋势等信息，从而帮助设计师更准确地定位目标用户并制定相应的产品策略。对话机器人还可以用于个性化推荐、精准营销和预测销售趋势等功能的实现，以提高产品的竞争力。例如，智能摄像头是基于数据的工业产品，这种摄像头可以通过图像识别和分析算法，检测、识别人脸、人的动作和其他物体信息，以提供监控、安全性和智能化应用。

（2）技术分类。

在基于技术的产品定义中，对话机器人可以帮助设计师了解和应用最新的技术和创新。通过研究人工智能、机器学习和大数据分析等领域的最新进展，设计师可以将相关技术融入产品定义和开发过程中，提供独特且领先的解决方案。例如，智能耳机是基于技术的工业产品，结合了音频、蓝牙无线连接和语音助手等功能，可以提供高质量的音乐体验、通话便利及智能化的语音控制功能。

（3）体验分类。

在基于体验的产品定义中，对话机器人可以帮助产品设计师了解和满足用户的体验需求。对话机器人通过分析用户反馈、情感数据和行为模式，可以洞察用户的偏好和期望，并将这些信息用于产品定义和设计中。例如，在用户界面和交互设计方面，设计师利用对话机器人生成自然语言的能力，可以创建更具人性化和个性化的用户体验，使用户感到愉悦和便捷。

（4）意义分类。

在基于意义的产品定义中，对话机器人可以帮助设计师了解用户的价值观、社会问题和用户关切点，并将其融入产品定义中。设计师通过了解用户对社会责任感和可持续发展的需求，可以开发具有社会影响力和社会意义的产品。例如，利用对话机器人的自然语言处理能力，设计师可以开发教育类产品，帮助学生提高学习效果，推进教育公平。这种类型的产品定义可以创造积极的社会影响，同时满足用户对有意义的产品的追求。

3. 基于人工智能的产品定义方法

（1）关联词信息。

关联词在认识新的行业与了解各种关系方面扮演着重要角色。关联词用于研究和学习新行业，可以帮助人们快速了解核心概念、术语和关注点。设计师通过分析关联词之间的关系，能够更直观地把握行业的生态系统，了解不同角色、产品、服务、技术和趋势之间的相互作用，有助于形成对行业的全面认知，并发现创新机会和发展方向。

在产品定义设计流程中，设计师需要从不同角度思考和探索产品的概念、功能和用户体验。通过使用对话机器人生成关联词，设计师可以扩展思维边界，获得新的灵感和创意。关联词可以帮助设计师挖掘与产品相关的主题、特征和关系，进一步了解用户需求和市场趋势。关联词之间的联系，可以帮助设计师全面了解产品，并从中发现以往未曾想到的解决方案。

对话机器人生成的关联词还可以帮助设计师在产品定义过程中更好地表达设计意图。关联词可以作为沟通工具，让设计师与团队成员、利益相关者进行更有效的交流。同时，关联词也可以作为创意的起点，引导设计师进一步探索和完善设计方案。

除此之外，通过对话机器人生成的关联词，设计师可以快速了解新的行业、领域或技术趋势，有助于设计师了解行业发展动态，并在设计中融入最新的理念和趋势，提高产品竞争力。因此，设计师在产品定义流程中梳理各种关联词，可以增强设计能力和创造力，为产品设计提供更多的可能性和机会。

图 3-7 为关联词梳理示例。

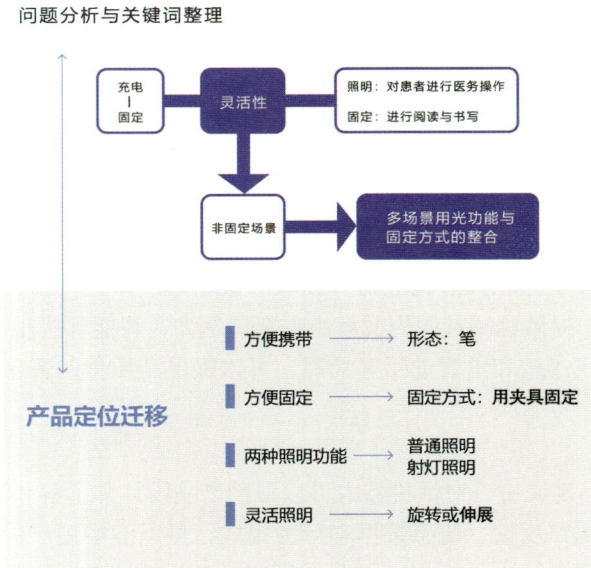

图 3-7　关联词梳理示例（医务照明灯具设计）

（2）提问方式。

在使用对话机器人时，可以采用迭代式、启发式和分解式提问的方法，有效地进行有关产品定义内容的交互，以此获得想要的结果。

① 迭代式提问。

在产品定义流程中，可能遇到需要不断调整和改进产品定义的情况。迭代式提问可以帮助设计师与对话机器人反复进行交互，逐步推进并最终获得满意的结果。设计师可以先向对话机器人提出初步的产品定义问题或需求，并根据它的回复进行评估。如果回复不完全符合期望，就可以再次向对话机器人提出修改要求，以便更精确地指导产品定义。通过多次迭代，设计师可以逐步与对话机器人进行深入的对话，澄清模糊的概念，细化设计细节，直到获得满意的结果。

② 启发式提问。

在产品定义流程中，启发式提问可以帮助设计师开阔思路，探索用户需求和产品可能的设计方向。设计师通过询问一些相关问题，可以引导对话机器人了解用户期望和偏好，并从中获取更多的灵感。这些问题可以涉及用户的使用场景、需求痛点、竞争产品分析等。设计师通过与对话机器人的交互，可以搜集信息并逐步细化产品定义。

③ 分解式提问。

设计师有了初步想法之后，分解式提问可以帮助其将整个产品定义任务拆分成更小的子任务，以便更有针对性地与对话机器人进行交互。例如，可以将产品定义任务分解为用户界面设计、功能需求、数据管理等子任务，并针对每个子任务向对话机器人提出具体问题。这种分解式提问方式可以让对话机器人更专注每个子任务的细节，为设计师提供更精确、更详尽的建议或回答。

通过以上提问方法，设计师能够逐步推进思路、启发思考，使对话机器人生成的内容准确、完整，符合产品需求。

（3）多角色参与。

在产品定义中，可以通过给对话机器人赋予不同领域的角色，进行与产品定义相关的讨论并获得一定的指导，如图 3-8 所示。

图 3-8　多角色对话激发可能

以下是一些具体操作步骤和建议。

① 确定讨论的范围和目标。

明确想通过对话机器人获得哪方面的指导，如用户需求分析、功能定义、交互体验等。

② 确定不同领域的角色。

了解产品涉及的不同领域，并为每个领域选择一个角色。例如，可以选择用户角色、市场营销角色、技术角色等。

③ 将对话机器人进行角色切换。

在设计会话中，将对话机器人视为具有多个角色的虚拟团队成员。在不同阶段或针对不同问题，为对话机器人切换角色，以便获取不同领域的见解和建议。

④ 提供背景信息。

在与对话机器人交流前，提供足够的背景信息，让对话机器人了解产品定义的情境、目标用户、竞争对手等重要因素。

⑤ 针对不同角色提问。

根据当前的讨论焦点和对话机器人扮演的角色，提出相关问题，寻求指导。例如，如果对话机器人扮演市场营销角色，就可以询问关于市场定位、目标受众和竞争优势的问题。

⑥ 综合不同角色的建议。

考虑不同角色的观点和建议，将其综合起来，作为产品定义的参考。对话机器人可以提供多个角度的见解，帮助设计师更全面地思考和分析。

⑦ 进一步探索和讨论。

根据对话机器人的回答，进行更深入的探索和讨论，追问有关细节、功能交互、用户体验等方面的问题，以便更好地了解产品定义的细节和面临的挑战。

这里以智能手表的产品定义讨论为例，赋予对话机器人以下角色，并让它们进行对话。

① 设计师（D）：作为产品设计师，关注产品的用户体验和界面设计。

② 营销人员（M）：作为营销人员，关注产品的市场需求、定位和竞争优势。

③ 技术人员（T）：作为技术人员，关注产品的可行性、功能实现和技术挑战。

④ 用户（U）：作为用户，关注产品的功能、易用性和附加价值。

下面是以上角色在产品定义流程中的讨论示例。

D：我们在设计智能手表时，需要考虑用户的舒适感和使用便捷性。大家有什么建议吗？

U：作为用户，我希望手表轻便且佩戴舒适，还希望手表能够轻松查看时间、计步和监测心率。

T：在技术上，我们需要确保手表的硬件和软件能够支持这些功能，并与手机或其他设备连接，同时要考虑电池寿命和防水性能。

M：市场上已经有很多竞争对手，我们需要确定产品的差异化优势，如独特的外观设计、健康管理功能或集成智能助手。

D：我们可以通过采用可定制化的表盘和多样化的表带设计来满足用户对个性化的需求。同时，简洁直观的界面设计可以提升用户体验。

U：对我来说，易于使用是关键。我希望手表具备直观的操作方式，可以通过手势或语音与它进行交互。

T：在技术上，我们可以考虑使用触控屏幕和语音识别技术来实现这些功能，同时确保系统具有较快的响应速度和稳定性。

M：在市场营销方面，我们可以强调智能手表的健康管理功能，如心率监测、睡眠分析和运动追踪，以吸引健康意识强的消费者群体。

D：非常感谢大家的建议。另外，我认为我们还可以考虑在设计中融入一些时尚元素，使手表能够更好地与用户的个人风格匹配。

U：确实，时尚元素对用户来说是一个重要考虑因素。我希望手表具备可更换的表带，并提供多种可以选择的颜色和材质，以适应不同场合和个人喜好。

T：在技术上，我们要确保手表的连接稳定性和数据传输安全性。此外，还要考虑如何平衡功能的扩展性和硬件资源的限制。

M：在市场竞争激烈的情况下，广告宣传和品牌推广非常重要。我们可以与健身俱乐部、运动品牌等合作，提供优惠，以吸引目标用户群体。

D：对界面设计，我们可以尝试创建直观且易于导航的用户界面，以降低用户学习成本，同时通过数据可视化和交互反馈来增强用户体验。

U：我认为续航时间也很重要。如果每天都要频繁充电，就会影响使用体验。

T：我们可以通过采用优化算法和高效省电的硬件来提升手表的电池续航时间。此外，还要考虑充电方式的便利性。

M：在市场定位上，我们可以将手表定位为一款高品质、功能丰富的时尚健康智能手表，以满足用户对个人健康管理和时尚配饰的需求。

通过这样的讨论，设计师可以充分利用对话机器人，获得设计师、营销人员、技术人员和用户多方面的意见。在这个讨论过程中，对话机器人扮演的不同角色提供了各自的观点和建议，从而为产品定义提供了多个维度的指导，这样的讨论有助于综合各方面的因素，在产品定义中找到平衡点。

（4）数据可视化处理。

对话机器人可以帮助设计师进行文字内容的整理，并将其组织成更有结构和可视化的形式。

① 摘要生成。

设计师可以向对话机器人提供一段文本内容，要求其生成文本内容的摘要或总结。对话机器人可以生成简洁、准确的摘要，帮助设计师快速了解文本的核心内容。

② 关键词提取。

与摘要类似，设计师可以要求对话机器人从文本中提取关键词或短语，捕捉文本的主题和重要概念。对话机器人提取的关键词可以用于组织和分类文本内容。

③ 主题分类。

设计师可以将一系列文本提供给对话机器人，并询问其可以将这些文本分为哪些主题或类别。设计师可以由此了解不同文本的主题分布情况，更容易对文本进行整理和归类。

④ 文本聚类。

设计师通过对话机器人，将文本按照相似性聚类，可以获得具有相似主题或特点的文本群组。文本聚类有助于将大量文本内容进行整理和分类，以更好地组织和查找相关信息。

⑤ 标签生成。

设计师可以使用对话机器人为文本生成适当的标签或标签集合。这些标签可以作为文本内容的元数据，方便后续搜索、过滤和组织。

设计师利用对话机器人进行产品定义阶段的可视化内容处理时，可以进一步融入以下产品定义内容，以在产品设计过程中做出更好的决策。

① 用户需求分析。

使用对话机器人与用户进行对话或提供问题，从而获取用户反馈、需求和期望。将相关文本数据整理并转换成可视化形式，如制作用户洞察图表、用户故事板或用户旅程图，有助于设计师更好地了解用户需求并优化产品定义。

② 竞争产品分析。

通过对话机器人搜集有关竞争产品的信息和观点，整理相关数据并将其可视化，如创建竞争产品特征对比表、市场占有率图表或功能优势与劣势雷达图，有助于设计师了解竞争格局并确定自己的差异化优势。

③ 创意探索与评估。

通过对话机器人生成创意灵感和故事情节，将其转化为可视化形式，如使用思维导图、草图或线框图展示不同创意结构和流程，有助于设计师在产品定义过程中更清晰地了解和选择最合适的创意方向。

④ 产品特性规划。

将对话机器人生成的产品描述和特性整理成可视化形式，如创建产品特性矩阵、功能图或用户流程图，可以更好地组织和传达产品定义内容，确保利益相关者对产品方向有一致的了解。

在利用对话机器人进行产品定义阶段的可视化处理时，重要的是准备好适当的数据，并合理选择和设计可视化形式，以便有效地传达产品定义的关键信息；同时，根据具体情况，还可以进一步融入其他产品定义内容，以满足特定的需求和目标，如图 3-9 和图 3-10 所示。

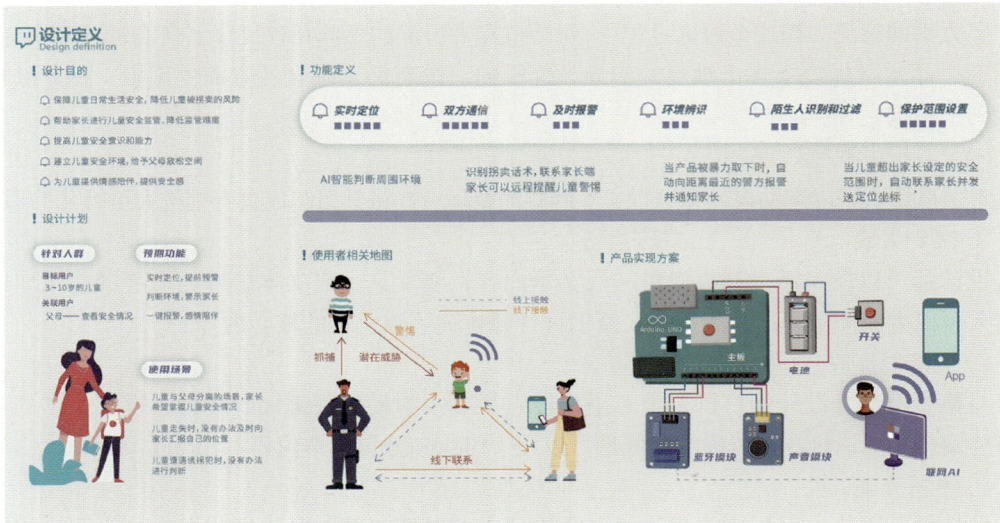

图 3-9　设计定义案例（儿童防诱拐产品）

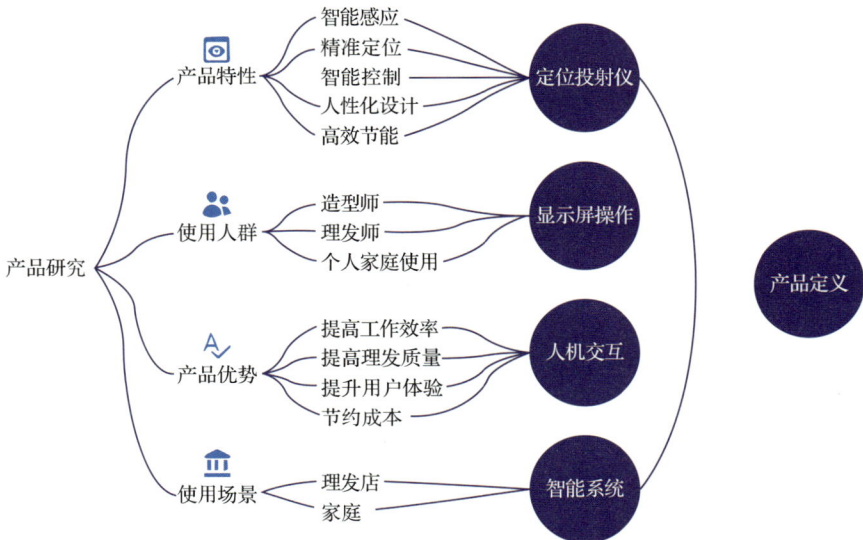

图 3-10　人工智能辅助理发仪产品定义

在人工智能飞速发展的今天，设计师需要保持好奇心与洞察力，明白自己角色的变化，以适应设计工作的需要。设计师应该明确工具的辅助性质，同时保持创造力和独特视角，关注社会影响和伦理问题，努力创造满足人类需求的有价值的设计作品。同时，设计师要深入思考，将自己的思辨意识融入设计实践中，以此更好地应对未来的挑战，为人工智能时代的发展做出积极而有意义的贡献。

3.1.3　人工智能赋能产品定义案例

本案例针对某高校产品设计专业学生在产品定义阶段使用人工智能工具的情况进行问卷调查，该问卷调查涉及对工作速度的提升程度和对工作效果的提升程度两个参考指标。问卷调查结果如图 3-11 所示。对工作速度的提升程度，有 79% 的学生打出了较高分；对工作效果的提升程度，有 61% 的学生打出了较高分，还有 30% 的学生打出了中间分。这是该专业学生第一次使用人工智能工具进行产品设计创作，先前没有具体学习人工智能工具的使用，因此没有达到满意的效果。这种情况在本次问卷调查结果中反映了出来。

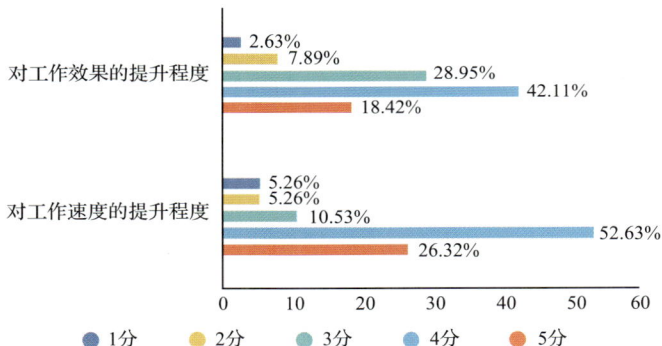

图 3-11　产品定义阶段人工智能使用问卷调查结果

下面以一款名为 AI-Ecosystem Organism 的产品设计为例进行设计师与人工智能合作设计的说明。

人工智能快速发展，在多个领域产生了深远的影响。在人工智能应用范围激增、生活改变、儿童教育处于被动的环境下，如何利用人工智能已经成为人们关注的焦点。例如，人们需要面对以下问题。

"如何平衡人工智能与教育活动？"

"如何让下一代认识人工智能？"

"如何突破现阶段人们对人工智能的认知和使用？"

……

在教育领域，人工智能也被广泛用于教学和管理，人工智能有助于提高学生的学习效果和教育质量，并为教师减轻工作负担。

本产品将用户定位于 6 ~ 12 岁的儿童，旨在为他们提供一个基于人工智能应用的综合性学习平台，利用丰富的视听内容和互动体验来培养儿童的综合能力。

本次调研结合人工智能软件，旨在对当前市场上各种人工智能教育产品的现状进行深入了解和分析，同时在实践中了解、学习并学会运用人工智能软件，以期探索出优质和实用的人工智能教育产品，为教育的发展做出贡献。如图 3-12 所示，以下内容均取自人工智能软件，图片内文字也均来自人工智能软件，调研团队对通过人工智能软件得到的信息进行了初步筛选，图片内容中有重要的且有启发性的内容，但也会有一些无用的信息。

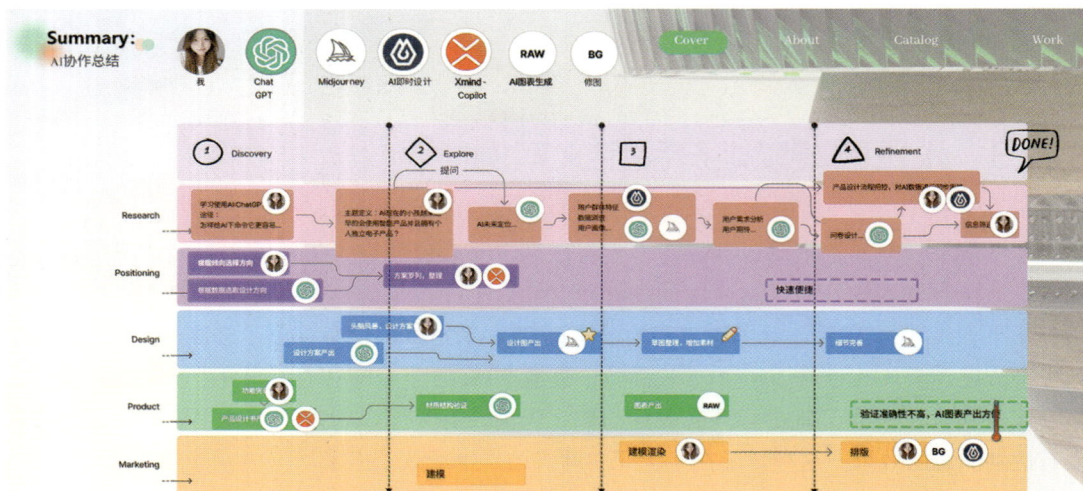

图 3-12　任务看板：人与人工智能的合作

1．调研分析总结及产品定义

（1）用户访谈。

模拟用户访谈结果，如图 3-13 所示。

图 3-13　模拟用户访谈结果

（2）用户画像。

用户画像，如图 3-14 所示。

图 3-14　用户画像

（3）用户旅程图。

用户旅程图，如图 3-15 所示。

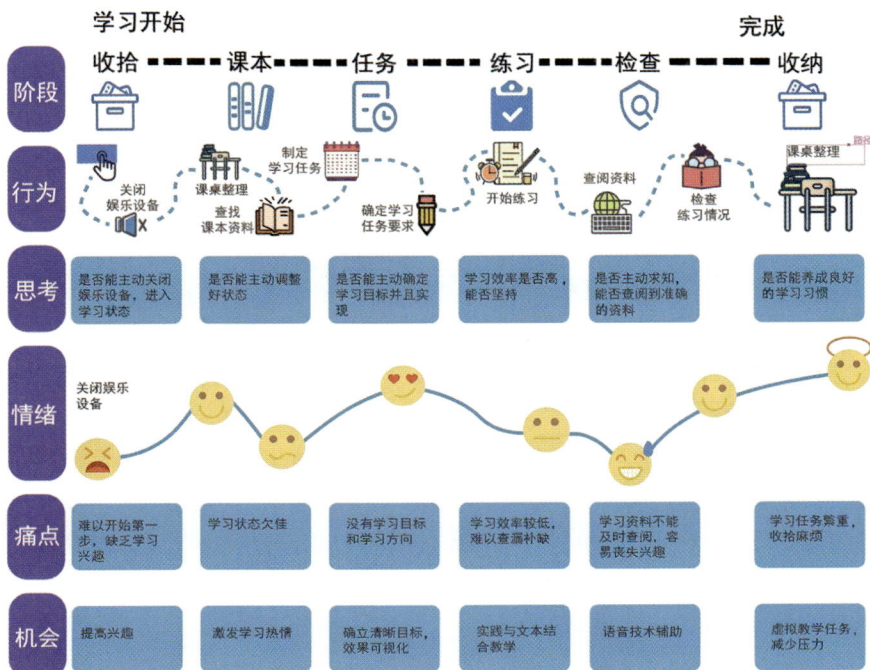

图 3-15　用户旅程图

（4）产品定义。

产品定义，如图 3-16 所示。

喜欢观察和探索

电子产品迷

家庭重视教育

6～12岁
他们需要面对作业、考试
和学科要求，并适应从以
家庭为中心向以学校为中
心的生活方式转变。

图 3-16　产品定义

以下是通过人工智能软件得到的对产品定义的具体描述。

① 用户需求。

6 ~ 12 岁儿童在学习中缺乏实际操作能力，依赖互联网。他们需要一个基于人工智能应用的综合性学习平台，通过丰富的视听内容和互动体验来培养综合能力。这个平台可以为他们提供各种主题的课程，包括科学、历史、艺术、音乐等，让他们在学习的过程中获得实际操作的机会，同时开发自己的创造力。此外，这个平台还可以基于个人兴趣和学习风格进行智能化推荐，并能够和家长分享孩子的学习进度和表现，以便家长及时给予支持和指导。总之，通过这样一个基于人工智能的综合性学习平台，6 ~ 12 岁儿童能够获得更加多元、有趣和有效的学习经验，从而提高综合能力。

用户分析，如图 3-17 所示。

Insights

使用电子产品的儿童越来越多，且年龄越来越小。

过度依赖互联网，缺少思考。

缺少和自然界的接触，缺乏生命教育和自然教育。

图 3-17　用户分析

② 产品（AI & LIFE）。

AI-Ecosystem Organism 是一款具有人工智能技术背景的产品，如图 3-18、图 3-19 所示。"AI-Ecosystem Organism"意为"人工智能生态体"，该产品将人工智能以生态体形式展现，赋予人工智能生命，通过信息图谱和使"生命发展"可视化，以投影交互方式帮助儿童与人工智能进行交流。这款人工智能反馈可视化产品能够更好地融入儿童家庭教育之中，让儿童对生命万物有更多的认知。

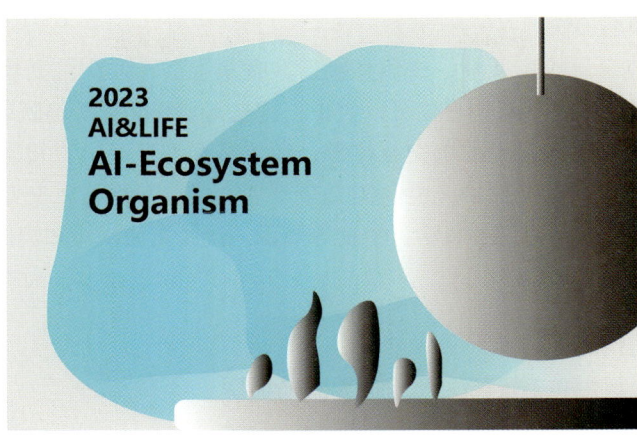
图 3-18　产品概念——AI & LIFE

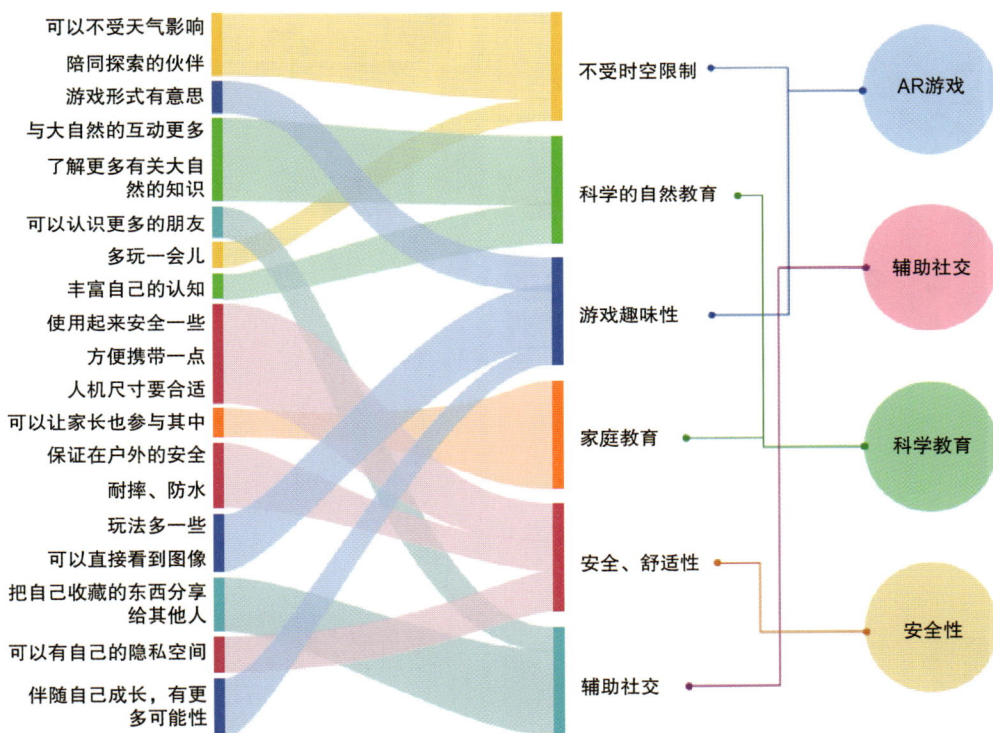
图 3-19　产品定位、功能与设计点

③ 特点。

人工智能新形式，用拟生态形象概述人工智能功能，贴近人工智能定义，让儿童更直观地了解人工智能的特点，让儿童认识人工智能、运用人工智能、敬畏人工智能，同时改变人工智能。产品具有以下特点。

A. 产品放在餐桌上，外观为可悬挂的绿色装饰性灯具。

B. 产品用简单的音乐节奏与儿童交互，操作简便。

④ 具体应用。

产品以拟生态绿色网状结构的形式体现，光线随着人工智能使用状态有规律地流动。例如，产品休眠时，灯光流模拟人的睡眠呼吸频率；播放音乐时，光线随着音乐节奏流动；儿童回答问题时，光线流动频率加快。

产品底部为球体全息投影装置，将信息投射在餐桌上。产品中部是虚拟脉络树，需要儿童通过交互知识灌溉，通过不断学习才可以成长，这是人工智能成长的映射，也是儿童学习成长的映射。虚拟脉络树周围投射的是交互按键，音乐节奏系统可以直接影响拟生态状态，根据按键控制因素改变虚拟脉络树的光亮、闪光节奏和方式，每次音乐交互等同运动打卡。家长可以利用虚拟脉络树的结构讲解数学、生物等知识，让儿童加深对知识的理解。

2．设计构思

（1）产品演化迭代面板。

产品演化迭代面板由人工智能生成，如图 3-20 所示。

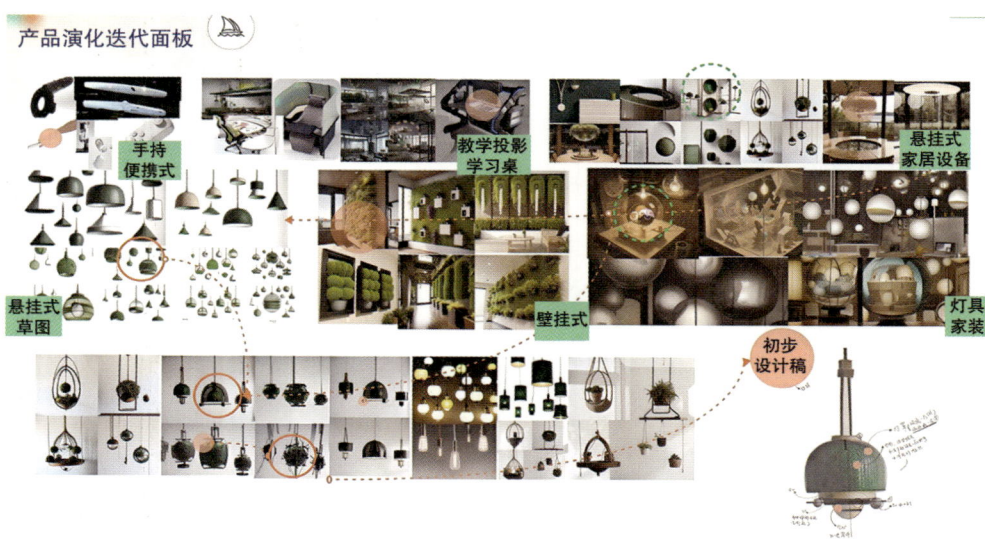

图 3-20　产品演化迭代面板

（2）产品渲染图。

产品渲染图，如图 3-21 所示。

图 3-21　产品渲染图

（3）产品结构及功能。

产品结构及功能，如图 3-22 所示。

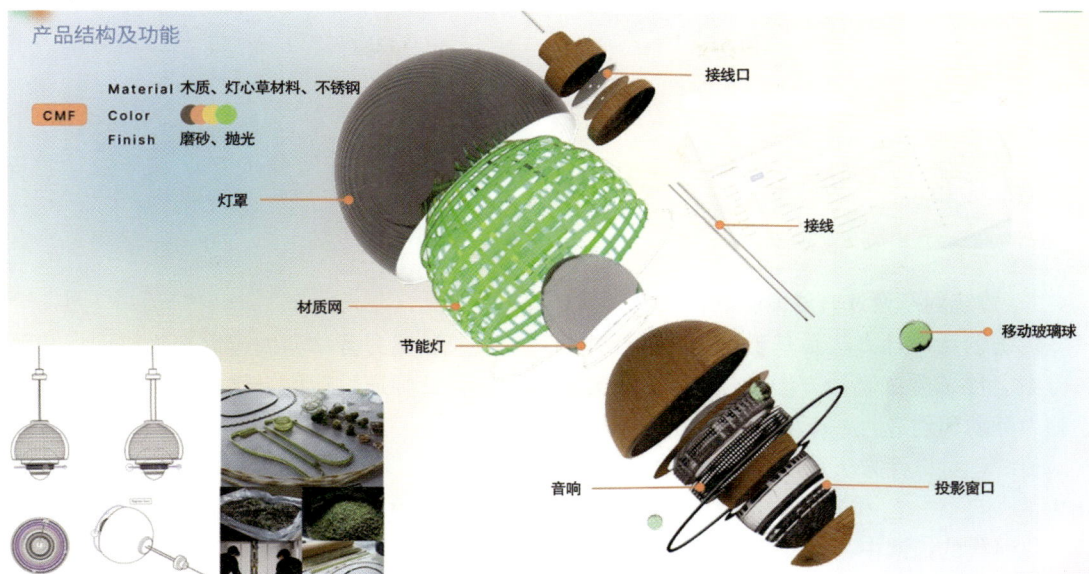

图 3-22　产品结构及功能

（4）产品应用场景。

产品应用场景，如图 3-23 所示。

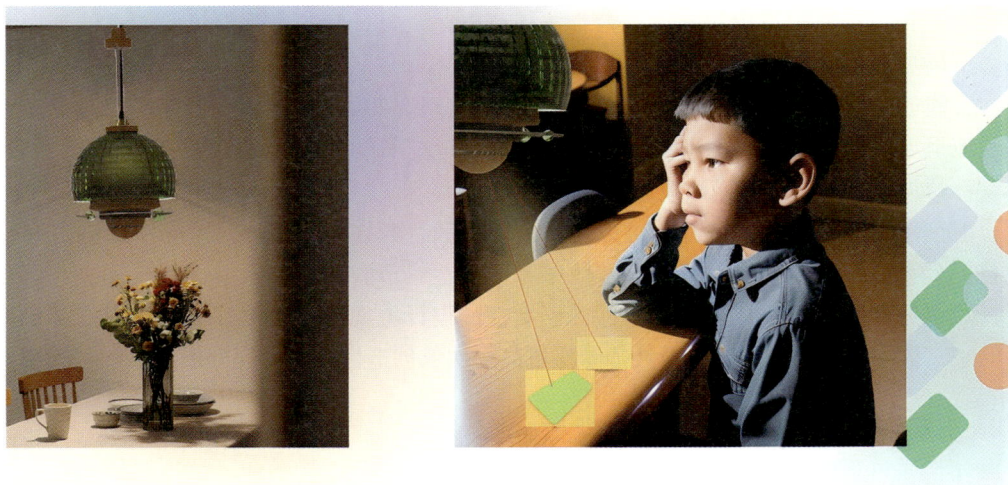

图 3-23　产品应用场景

3.2 人工智能辅助创意生成

3.2.1 传统创意设计方法

1. 传统创意设计方法面临的挑战

传统创意设计方法是基于设计师的经验和直觉，通过脑力劳动和创造力来生成创意和解决方案。传统创意设计方法在过去具有重要的作用，设计师通过运用自己的经验和直觉，借助脑力劳动和创造力，产生了许多独特和出色的设计创意。

传统创意设计方法是设计师长期以来依靠的方法之一。设计师通过不断观察、研究和思考，从生活、自然、艺术等各个方面获取创意灵感，从而产生独特而优秀的设计作品。然而，在数字化时代的浪潮中，设计师需要更加智能和高效的方法来提升创意设计的质量与效率。

随着人工智能的快速发展，智能创意设计正在逐渐引起关注。这种方法将人工智能与设计师的创造力相结合，以提供更高效、准确和创新的设计解决方案。通过运用机器学习和深度学习算法，智能创意设计系统能够分析大量的设计数据和趋势，并提供与用户需求相匹配的创意设计方案。

设计师可以利用大数据和用户行为数据来了解用户的偏好和需求。通过分析这些数据，设计师可以更好地把握设计趋势，预测用户需求，并生成更具创意和创新性的设计方案。由数据驱动的设计过程不仅可以提高设计效率，还可以减少设计师的主观偏见，使设计更加客观和符合市场需求。

在智能创意设计中，各种智能工具起到了关键作用。例如，虚拟现实技术可以帮助设计师更直观地呈现设计效果，增强用户体验。自然语言处理技术可以分析用户对设计的评价和反馈，帮助设计师进行产品设计迭代和改进。

智能创意设计具有许多优势，可以帮助设计师和企业在竞争激烈的市场中取得更好的排名。首先，智能创意设计能够提高设计效率和准确性，节省时间和人力成本。其次，智能创意设计可以帮助设计师生成更具创意性和创新性的设计方案，从而更好地满足用户需求。最重要的是，智能创意设计可以让设计师专注更高层次的创造性工作，提升设计水平和竞争力。

2. 观察与研究

设计师通过观察和研究现实世界的事物和现象，获取设计灵感和了解用户需求，进一步将观察和研究的结果、将抽象的概念转化为具体的设计方案。

设计师留意人们的行为举止、环境变化、文化演变等。通过观察社会、自然和艺术等各个方面，设计师能够积累大量的信息，激发创意。

观察和研究让设计师能够更好地了解用户的需求。他们通过观察用户的行为和反馈，洞察用户的喜好和习惯，从而将观察和研究的结果概念化，将抽象的概念转化为具体的设计方案，创造出更贴近用户心理的设计作品。

将观察和研究的结果概念化，是将设计灵感转化为具体设计方案的重要过程。设计师通过将抽象的概念具象化，融入自己的创造力和专业知识，创造出独特而优秀的设计作品。设计师运用色彩、形状、材质等元素，以及布局和组合的方式，实现对用户需求的呈现和满足。

3. 传统创意设计方法和技巧

（1）头脑风暴。

在群体决策中，由于成员之间相互影响，往往会出现一种心理现象，即群体思维。群体思维使成员倾向于追随权威或大多数人的意见，从而削弱了群体的批判精神和创造力，损害了决策的质量。为了提高群体决策的创造性和决策质量，管理学界提出了一系列改善群体决策的方法，其中头脑风暴是比较典型的一种。

头脑风暴用于表示一种无限制的自由联想和讨论方式。当一群人围绕一个特定的话题或兴趣领域产生新观点时，就可以称为头脑风暴。

头脑风暴可以用于设计过程的任何阶段，并且在执行过程中有一个至关重要的原则，那就是不能过早否定任何想法和创意。

在头脑风暴会议中，记录整理是一个重要的阶段，与提出设想阶段同时进行。记录任务可以由组员或其他工作人员来完成，根据设想的提出速度，有时可能需要配备两名记录人员。记录下来的设想是进行综合和改善所需的素材，因此必须放在全体参与者都能看到的地方，如图 3-24 所示。

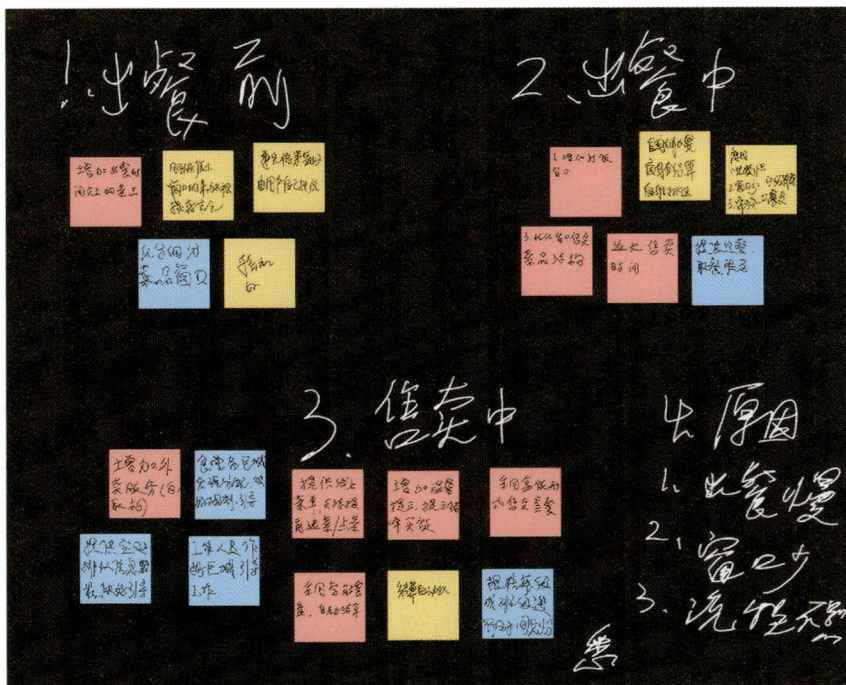

图 3-24　头脑风暴示例

头脑风暴会议结束后，组织者通常利用思维导图对讨论内容进行系统梳理，包括层次结构、关键内容、页面布局等方面。

最终，头脑风暴的成果需要进行汇总报告。这个报告主要是对各种创意的优势进行结合，以及对相关方案的优势与劣势进行分析。报告可以将具有创新性、可行性或符合其他标准的头脑风暴结果进行总结和展示。

然而，传统创意设计中的头脑风暴存在一些弊端和不足。

① 参与者之间的群体思维倾向可能导致某些创意被过度偏爱，使其他更有潜力的创意被忽视。这种偏向性会限制创意的多样性和创新性。

② 头脑风暴过程中的自由联想和讨论可能导致一些创意缺乏深度和可行性。由于没有严格的评估和筛选机制，一些不切实际或不可行的创意可能被保留下来，浪费时间和资源。

③ 头脑风暴在群体中进行，可能出现个别成员被压制和羞怯的现象，导致其不敢提出自己的观点和创意。这样一来，就无法充分利用群体的智慧和多样性，从而限制了头脑风暴的效果。

总的来说，虽然头脑风暴在创意设计中有其价值和作用，但需要注意其不足。为了弥补这些不足，可以考虑引入更加系统化和结构化的创意评估方法，以平衡群体思维和个体创造力，提高决策质量和创造性产出。

（2）草图绘制。

草图绘制在产品创意设计中扮演着至关重要的角色。草图能够帮助设计师集成概念、设置基本元素或布局，并用于与客户交流、视觉探索，以及提炼视觉方案。

草图绘制是一个迅速记录和探索创意的过程，可以帮助设计师将脑海中的概念快速转化为可视化的形式。在这个阶段，设计师可以通过草图绘制多个不同的概念，探索不同的形状、结构、功能和样式。草图绘制的自由使设计师能够迅速尝试和调整各种设计选择，从而逐渐形成更加成熟和具体的概念。

传统创意方法中的设计草图示例，如图 3-25 所示。

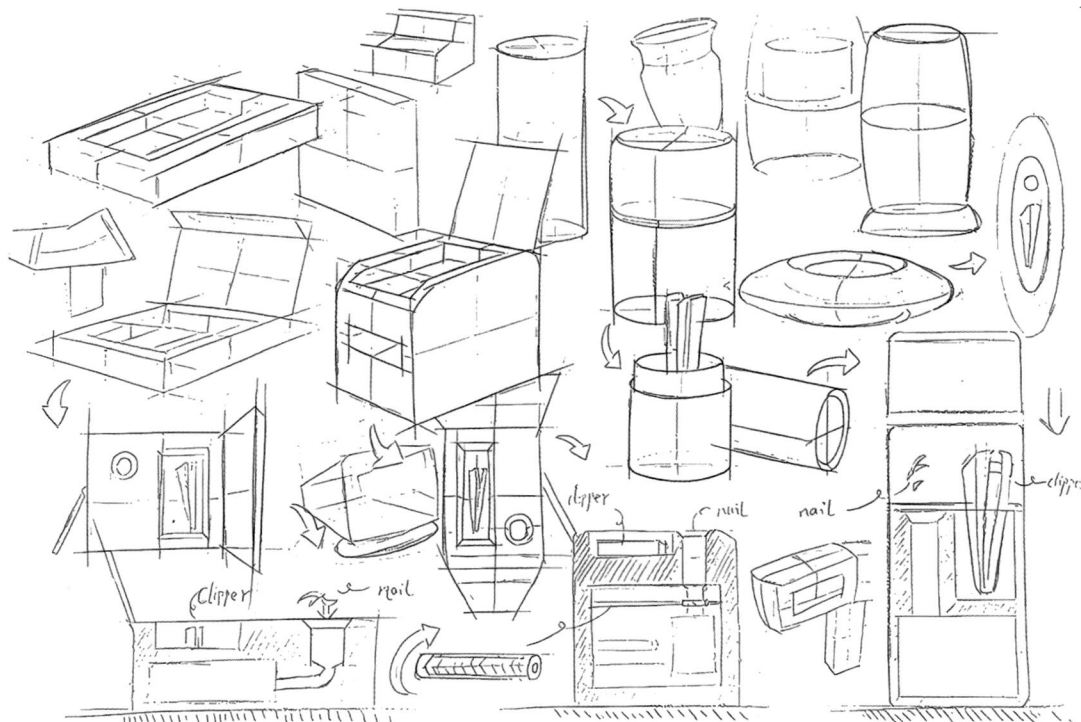

图 3-25　传统创意方法中的设计草图示例

草图绘制也是设计师设置产品的基本元素和布局的关键阶段。通过草图，设计师可以快速勾勒出产品的整体外观、比例、结构和组成部分，并确定它们之间的关系和布局。草图可以帮助设计师在设计初期发现和解决潜在的问题，从而避免在后续设计阶段不必要的修改和调整。

草图是设计师与客户进行初步交流和沟通的有力工具。通过草图，设计师可以将自己的创意和设计思路直观地展示给客户，帮助客户更好地了解和感受产品的外观和功能。草图的简洁和抽象性使设计师可以快速响应客户的反馈和需求，并进行相应的修改和调整。

草图还可以帮助设计师进行视觉探索，寻找和发现最佳的视觉表达方式。通过草图，设计师可以尝试不同的线条、阴影、纹理和色彩等元素，探索各种视觉效果和风格。草图的速写性质使设计师可以快速比较和评估不同的设计选择，从而找到最符合需求和目标的视觉方案。

草图在产品创意设计中也扮演着精细化视觉方案的角色。通过草图，设计师可以逐步深化和完善创意概念，将其细化为更具体和可执行的设计方案。草图可以帮助设计师解决细节问题，优化产品功能、人机交互和用户体验。同时，草图还可以为后续的详细设计和制作提供参考和指导。

（3）故事板创作。

高效正确地使用故事板能够更好地呈现产品设计中的故事情节和用户体验。

传统创意方法中的故事板示例，如图 3-26 所示。

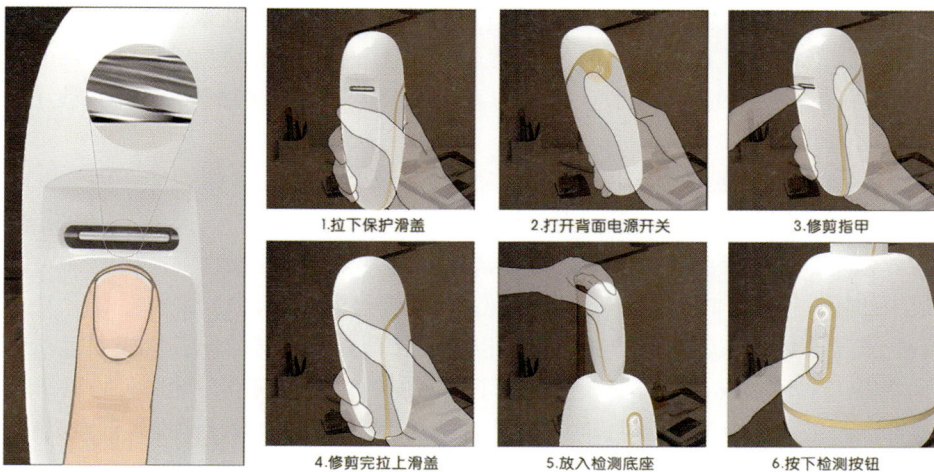

图 3-26　传统创意方法中的故事板示例

在使用故事板前，需要确定相关的人物角色。这些角色可以根据设计的需求和目标来确定，如目标用户、利益相关者或其他相关角色。确定人物角色有助于故事板的编制和故事情节的构建。

故事场景是故事板的基础，包括时间、地点、环境、人物活动空间和范围等要素。构建故事场景需要考虑产品的使用环境和情境，以及人物角色的行为和互动。清晰的故事场景有助于传达产品设计背景和情境。

故事内容是故事板的核心，描述人物角色与系统的交互行为和情节。故事内容应该包括问题的研究和设计师的想法。通过故事内容，设计师可以呈现用户使用产品的场景、用户的需求和期望，以及产品设计提供的解决方案。

故事板需要对故事中各个阶段与主题相关的问题进行分析。通过分析问题，设计师可以提出初步的解决方案，并进行进一步的分析和评估。这有助于设计师了解用户需求和产品面临的挑战，并为后续的设计决策提供指导。

基于问题分析，设计师可以梳理出设计思路和方案，包括探讨决定因素、解决方案和概念，并引导设计向最终形态发展。梳理思路有助于将故事板中的各个情节和行动连接起来，形成连贯和有逻辑的故事线。

最后，设计师需要基于问题分析和思路梳理，将故事板进行视觉化表达。这可以通过绘制整体或部分视觉化故事板原型来实现。将故事板原型视觉化应该遵循时间线概念，从而形成系统和逻辑排列,并在风格上保持一致。视觉化故事板能够更加直观地传达产品设计的情节、功能和用户体验。

3.2.2 人工智能在创意生成中的应用方法

1．人工智能与创意生成的关系

随着对话式人工智能和人工智能绘图技术的发展，人们可以探讨创意生成如何与人工智能相结合，以提升设计师的创意能力。

创意生成与人工智能结合可以带来许多好处。对话机器人可以与设计师进行实时对话和交流，为其提供灵感和观点。设计师可以通过与对话机器人互动，获取新颖的创意思路，拓展设计方向。人工智能绘图工具能够通过学习大量的设计数据和图像，为设计师提供创意生成辅助工具，生成独特而创新的设计方案。通过与人工智能结合，设计师能够更加高效地生成创意，获得更多的创作可能性。

然而，不是所有创意都可以由人工智能完全替代人类实现。人工智能在创意生成方面存在一定的局限性。创意不仅是基于现有数据和模式的延伸，还需要人类的主观性、情感和直觉等因素。人工智能缺乏人类独特的思考方式和创造力。因此，设计师需要明确人工智能在创意生成中的辅助作用，将其作为工具和资源来提升自己的创意能力。

对话式人工智能和人工智能绘图工具可以为设计师提供丰富的创意生成方案和思考。通过与对话机器人对话，设计师可以获取出自不同角度的建议和观点，促进头脑风暴和创意思考的多样性。人工智能绘图工具可以通过生成独特的设计作品,为设计师提供创意灵感和启发，帮助设计师发现新的设计方向和创意解决方案。

从心理学角度来看，人工智能与创意生成相辅相成。人工智能能够为设计师提供全新的创意来源和思维方式，激发其想象力和创造力。

2．人工智能与传统设计创意结合的方法

（1）头脑风暴与人工智能结合。

随着对话式人工智能的发展，人们开始探讨人工智能如何帮助设计师在头脑风暴中发挥创造性和提高决策质量。

① 人工智能是否可以代替人类提高群体决策的创造性和决策质量是一个关键问题。对话机器人可以与设计师进行实时对话和交流，激发设计师的创造性思维和提供新颖的观点。通过与对话机器人进行互动，设计团队可以快速分享和讨论想法，提升头脑风暴的效率和质量。然而，需要注意的是，人工智能目前还不能完全代替人类的创造性思维和直觉，设计团队仍然需要在决策过程中发挥主导作用。

② 人工智能在头脑风暴中生成的方案是否有据可循是一个重要考虑因素。对话机器人可以通过学习大量的数据和模式，提供与设计目标相符的方案和建议。设计师可以根据对话机器人的引导及其提供的信息，进一步完善和调整设计方案。然而，需要注意的是，人工智能生成的方案仍然需要由设计师进行筛选和评估，以确保其具有可行性和实际应用性。

③ 人工智能是否可以对其方案进行总体评价也是一个关键问题。对话机器人可以帮助设计师进行方案的整体评估和比较。通过与对话机器人进行对话，设计团队可以得到客观而全面的反馈，有助于确定最佳方案和做出决策。然而，人工智能目前还难以完全理解和评估设计作品的情感和审美价值，这一点需要设计师自身的主观判断和专业经验。

④ 人工智能在头脑风暴中也存在一些弊端和不足之处。首先，对话机器人虽然可以提供大量信息和建议，但其生成的方案可能受限于训练数据，难以创造出超越已有范围的创新方案。其次，对话机器人在与设计师对话时，可能无法充分理解设计师的意图和需求，导致沟通和交流的准确性降低。

综上所述，尽管人工智能在头脑风暴中可以帮助设计师发挥创造性和提高决策质量，但仍然需要设计团队发挥主导作用。人工智能可以为头脑风暴提供新的思路和观点，但其在生成方案、总体评价和情感理解方面仍然有局限性。设计团队应该充分利用人工智能的优势，并结合心理学等多个角度进行分析，以确保头脑风暴的效果和质量。通过人与机器之间的有益互动，设计师可以创造出更具创新性和更高质量的设计作品，为用户带来更好的体验。

（2）设计草图与人工智能结合。

人工智能作为一种强大的技术工具，对创意生成过程产生了重要的影响。在产品设计流程中，绘制设计草图是一个关键的环节，而人工智能绘图工具，如 Midjourney 和 Stable Diffusion 等，为设计师提供了全新的思路和方法，极大地丰富了创意生成的可能性。

Midjourney 通过学习大量的图像数据，能够生成高质量的艺术作品。设计师可以借助稳定扩散技术，将自己的创意与人工智能结合，创造出独特而富有艺术感的设计作品。Midjourney 不仅能够提高设计师的创作效率，还能够为他们带来更多的创意和灵感。通过使用稳定扩散技术，设计师可以在草图阶段快速生成多个设计方案，并从中选择最具潜力和创新性的方案进一步发展和优化。

Stable Diffusion 则是另一个基于人工智能的创意生成工具。它通过学习和模仿现有的设计作品，能够生成全新的创意方案。设计师可以利用 Stable Diffusion 探索创意生成的旅程，在这个过程中发现更多创新的可能性。Stable Diffusion 能够激发设计师的创造力，为他们带来新的思路和方法，从而创作出更具想象力和独特性的设计作品。在设计草图阶段，设计师可以运用 Stable Diffusion 进行快速的创意探索，以获得更多的设计选项和灵感。

人工智能绘图技术具有许多优势。首先，人工智能绘图技术能够帮助设计师突破传统的创意生成方式，提供全新的设计思路和方法。其次，人工智能绘图技术能够加速创意的生成和筛选过程，提高设计师的工作效率。Midjourney 和 Stable Diffusion 等工具能够生成独特而具有创新性的设计作品，为产品设计注入新的灵感和个性。图 3-27 为 Stability AI 基于草图生成的设计效果图。最重要的是，这些工具为设计师提供了更广阔的创作空间，激发了他们的创造力。

在产品设计流程中，设计草图阶段是一个非常关键的阶段。传统的设计草图方法具有一定的优势，但存在一些限制和弊端。借助人工智能绘图技术，设计师可以在草图阶段更加灵活和高效地生成创意。特别是在时间紧迫或需要大量创意方案的情况下，人工智能能够为设计师提供更多的选择和快速进行创意验证。此外，在涉及大量数据分析和设计优化的阶段，人工智能也能够发挥重要作用，提供更准确和可靠的设计方案。

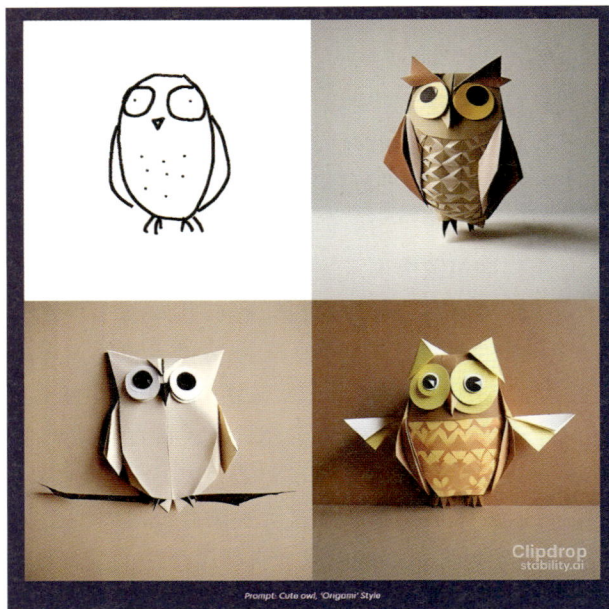

图 3-27　Stability AI 基于草图生成的设计效果图

综上所述，人工智能作为一种强大的技术工具，在产品设计中发挥着重要的作用。Midjourney 和 Stable Diffusion 等人工智能绘图工具为设计师带来了全新的设计思路和方法，丰富了创意的可能性。设计师应该积极探索人工智能的应用，将其融入设计草图阶段，以提高创作效率、丰富创意选择，为用户提供更优质的产品。

（3）故事板与人工智能结合。

Midjourney 和 Stable Diffusion 等工具为设计师提供了全新的设计思路和方法，能够精确绘制故事脚本，并确定人物角色、故事场景和故事内容，从而为故事板的制作提供有效的帮助。

首先，利用人工智能精确绘制故事脚本是故事板制作的关键一步。人工智能绘图工具可以通过学习和分析大量的故事文本和情节数据，理解故事结构和元素，生成准确而有趣的故事脚本。设计师可以将这些故事脚本作为基础，为故事板的绘制提供清晰的指导和创作方向。

其次，人工智能绘图工具可以帮助设计师确定人物角色、故事场景和故事内容。通过学习大量的视觉数据和设计样本，Midjourney 和 Stable Diffusion 等工具能够生成独特而生动的人物形象和场景背景。设计师可以根据故事脚本的要求和主题，利用人工智能绘图工具绘制与故事相符的人物形象和场景，使故事板更具吸引力和表现力，如图 3-28 所示。

在故事板制作的过程中，分析问题和梳理思路是非常重要的环节。设计师需要深入分析故事各个阶段与主题相关的问题，从中提取关键信息和视觉元素。人工智能可以帮助设计师更加准确地分析问题，并为其提供新的创意和视觉方案。设计师可以结合分析问题和梳理思路的结果，使用人工智能绘图工具将故事板进行视觉化表达，创作出富有表现力和情感的作品。

利用人工智能精确绘制故事脚本，确定人物角色、故事场景和故事内容，以及进行问题分析和思路梳理，能够更加高效和准确地制作故事板。人工智能的应用不仅丰富了故事板的创作空间，还提升了作品的视觉效果和表现力。因此，设计师应该积极运用人工智能，将其融入故事板的绘制中，为用户带来更具创意和魅力的故事体验。

图 3-28 基于人工智能绘图工具创作的故事板

3.2.3 基于人工智能的自动化设计工具和案例

1. 人工智能图片生成工具概述

（1）Midjourney 与 Stable Diffusion。

Midjourney 是一个基于扩散过程的图像生成模型，可以生成高质量、高分辨率的图像。它通过模拟扩散过程，将噪声图像逐渐转化为目标图像。Stable Diffusion 具有较强的稳定性和可控性，可以生成具有多样化效果和良好视觉效果的图像。

Midjourney 可以生成多样化的、高质量的图像，修复损坏的图像，提高图像的分辨率，以及应用特定风格到图像，辅助视觉创意的实现。Stable Diffusion 为视觉艺术家、设计师等提供了大量的创作工具和素材，促进了视觉艺术领域的创新和发展。

Stable Diffusion 是一个由 Stable Diffusion 研究实验室开发的人工智能工具，可以根据文本内容生成图像，目前架设在 Discord 平台上。Stable Diffusion 在 2022 年 7 月 12 日进入公开测试阶段，使用者可通过 Discord 的机器人指令进行操作，可以创作出很多图像作品。Stable Diffusion 是基于人工智能的创意生成工具，具有激发创造力、生成多样化方案、提高效率和实时反馈等优势，已经成为设计师的强大辅助工具。

（2）文生图原理。

文生图（generative adversarial network，GAN）是一种机器学习模型，由生成器（generator）和判别器（discriminator）组成。生成器负责生成看似真实的艺术作品，判别器则负责评估生成的作品是否真实。这两个部分相互对抗，通过反复迭代的训练过程，逐渐提高生成器的能力，使其能够创造出更加逼真的艺术作品。文生图基本提示词可以依照下面所讲的逻辑框架。

提示词基本以英文词组作为单位。当长句需要拆分成词组时，建议在词组之间插入分隔符（半角逗号），每行结尾也最好打上分隔符。具体化描述画面场景、提示词权重和语法权重的作用，可以增强或减弱某些提示词的优先级。具体提示词的使用可以参照表 3-3。

表 3-3　提示词类型

类型	应用	示例	
内容型提示词	主体特征	形态	square / round
		产品名称与类别	transportation/home appliances/electronics
		产品细节特征	parting line / fillet / air outlet / power supply
		模块化	modularization
	场景特征	室内、室外	indoors and outdoors
		大场景	HDR
		小细节	table/workbench/cloth
	环境特征	白天黑夜	day/night
		特定时段	indoor/outdoor
		光环境	HDR
		天空	sky
	画幅视角	距离	distance
		比例	proportion
		视角	side view/top view
		镜头	depth of field
标准化提示词	画质提示词	通用高画质	best quality，ultra-detailed，masterpiece，hires，8k
		特定高分辨率类型	extremely detailed CG unity 8k wallpaper
	画风提示词	复古的	vintage
		多感官的	multi-sensory
		运动感	sporty

调整提示词权重的方法有两种：一种是使用多重括号和冒号加数字的形式，如 (((Rounded corners))) 表示将提示词权重增强至约 1.1^3 倍；另一种是直接使用括号加冒号加数字的形式，如（Rounded corners:1.5）。提示词权重需要注意避免调整幅度过大，以免导致画面失真，建议将权重控制在 0.5 与 1.5 之间。

如果希望某些元素不出现在生成的画面中，就可以将这些元素放入反向提示词（也称负面提示词）中。常见的反向提示词包括低质量的（如低质量、低分辨率）和单色灰度（如单色、灰度）。可以使用反向提示词来正向生成一些元素。

在参数设置方面，采样步数越高，画面越细致，但超过 20 步后的提升较小，同时需要额外的计算资源。推荐将采样步数设置在 10 与 30 之间（默认为 20）。

采样有多种不同的生成算法可以选择，推荐使用带有 "＋" 的模型。

对分辨率的设置，也需要考虑：如果分辨率太小，图片就会模糊，缺乏细节；如果分辨率太大，计算速度就会变慢，容易出现显存溢出的问题。

在涉及多人共同使用的情况下，需要通过反复试验来了解在当前设备条件下既能保证质量又能兼顾效率的分辨率。

提示词的相关性参数用于控制还原执行提示词的程度，推荐范围为 7 与 12 之间。

面部修复功能建议勾选，而平铺功能只有在制作图案时才需要勾选。

批量出图功能用于连续多次作图，建议每批数量保持为 1。

（3）图生图原理。

图生图是一种基于图像的生成技术，能够根据用户上传的图片创作出新的图片，用户还可以通过修改提示词来获得期望的结果。

在图生图的过程中，重绘强度是一个重要的参数，决定了重绘的程度。也就是说，参数值越高，生成的图片与原图之间的差异越大。经过测试发现，当参数值超过 0.75 时，生成的图片基本上与原图没有明显的相关性。

涂鸦绘制是一个可以进行二次创作的功能，如更改产品颜色、给线稿上色等。使用这个功能很简单，只需选择涂鸦绘制，将鼠标移到图片上，就可以进行涂鸦绘制了。用户可以随意使用画笔绘制，重新生成图片，以观察效果。

这些功能为用户提供了一种简便而有趣的创作方式，使其能够轻松探索和实现自己的创意。

图生图的原理与文生图的原理类似，图片可以作为一种信息输入，供人工智能进行分析。重绘的本质是通过对图片的像素进行结构分析，使生成的图片与原图存在相似之处。

图生图有以下基本步骤。

① 上传图片，可以通过拖拽或从资源管理器加载图片。

② 填写提示词，需要使用具体且准确的提示词描述画面内容，包括内容型提示词和标准化提示词。

③ 参数设置。在参数设置方面，重绘幅度决定成品图与原图的相似程度，过高会导致变形，过低则无法实现重绘效果。分辨率优先与原图保持一致，若原图过大，则可以按比例缩小到安全范围内。裁剪方式提供了三种不同的选项，以适应不同尺寸的图片。随机种子在提示词修正中起到重要作用，可以精确定义背景内容和景深，每次以不同方式随机生成，记录为一组数字。不同的随机种子带来不同的随机性，相同的随机种子会得到相似的效果。固定随机种子是在图库浏览器中记录种子数，以保持随机种子一致，从而实现相对一致的产品风格。

（4）模型。

Midjourney 界面左上角有一个用于加载模型文件的区域。目前市场上主要有三种类型的模型，即二次元模型、真实系模型和 2.5D 模型。其中，二次元模型适合制作手绘效果图，特别适合平面图创作；真实系模型适合制作三维渲染图；2.5D 模型可以用于制作类似 C4D、Blender 等软件的作品风格。在 Midjourney 中选择合适的模型至关重要，使用者可以根据在线教程找到适合自己的模型。

模型的分类非常多，二次元模型推荐使用 Anything V5、Counterfeit V2.5、Dreamlike Diffusion；真实系模型推荐使用 Deliberate、Realistic Vision、LOFI；2.5D 模型推荐使用 Never Ending Dream（NED）、Protogen（Realistic）、国风 3（GuoFeng3）。

2. 基于人工智能的自动化设计创意案例

（1）头脑风暴阶段。

在头脑风暴阶段，根据人工智能合作项目搜集问卷和作品，展开第二阶段的设计评价与分析。在头脑风暴阶段，设计评价整体平均分在降低，无论是对工作效果的提升程度还是对工作速度的提升程度来说都是如此，但依然保持了较高的水准，如图 3-29 所示。在这个阶段，有 97.3% 的参与者使用了对话机器人，有 68.4% 的参与者使用了 Stable Diffusion，只有 26.3% 的参与者使用了 Midjourney。虽然情感评价的平均分在这个阶段有所降低，但依然保持了较高的水准。从调研结果中不难发现，人工智能在这个阶段最主要的优势是生成大量想法并和人类有不一样的构思，人工智能合作工具可以向设计师提供创意和灵感支持，加快设计的自动化和快速迭代过程。设计师借助人工智能，能够更快地尝试多种设计方案，加快设计流程。

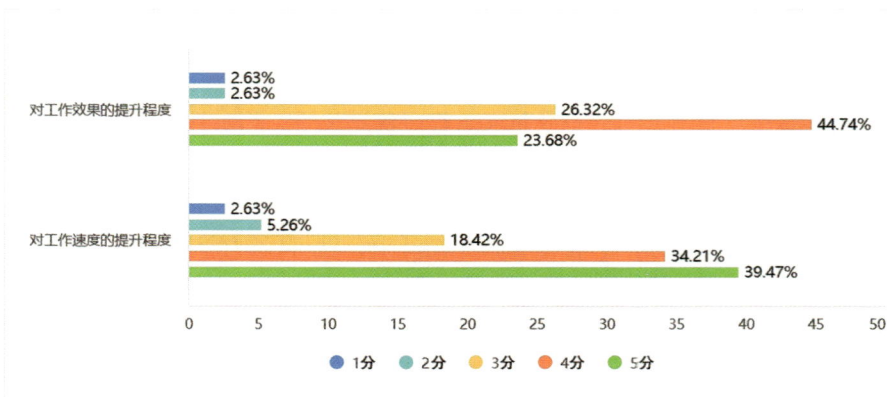

图 3-29　头脑风暴阶段设计评价统计结果

同时，人工智能工具可以评估设计方案的有效性，并根据数据指导设计决策。很多人认为设计师在设计产品时会同时考虑功能与造型，在推敲造型的同时在功能定义方面得到灵感，所以很多人选择在这个时期利用图像生成工具，把造型和功能定义相联系，保证产品设计的全面性。

调研结果显示，人工智能在该阶段的主要优势是能够生成大量的想法和与人类不同的构思。人工智能合作工具可以为设计师提供创意和灵感支持，加快设计的自动化和快速迭代过程。例如，对话机器人提供创意想法，使设计师能够更快地尝试多种设计方案，加速设计流程，如图 3-30 所示。此外，人工智能工具还可以帮助评估设计方案的有效性，并根据数据指导设计决策，如图 3-31 所示。因为设计师在设计产品的同时考虑功能和造型，所以在探索造型的同时也能从中获得功能定义方面的灵感。许多参与者选择在这个阶段使用图像生成工具，以确保设计的全面性，将设计造型与功能定义相结合。

然而，人工智能目前仍然无法完全替代设计师的创意和直觉。人工智能提供的创意和设计建议有时过于依赖预训练模型和固定的设计模式，限制了设计的创造性和个性化。

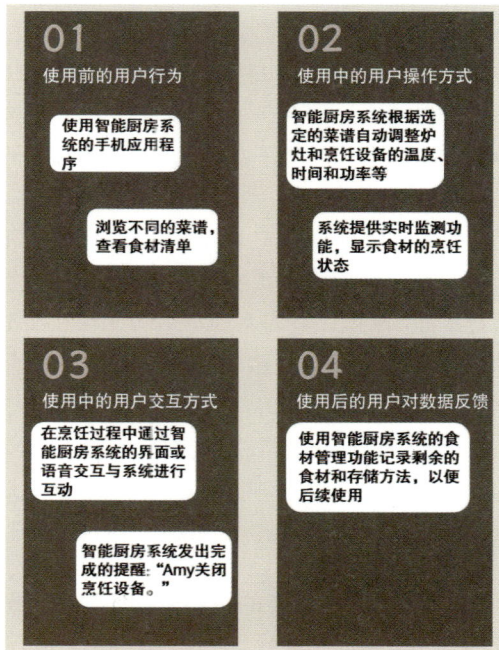

图 3-30　对话机器人提供创意

同时，设计师向人工智能解释自己的作品和想法也是一个难点。有时候，如果人工智能不能完全理解人的意图，或者涉及现实中不存在的事物，其模型训练就很难提供参考，这就增加了生成图片的随机性，得到一些拼凑起来的或有明显拼凑特征的产品，从而降低了人工智能在这个阶段的有效使用。

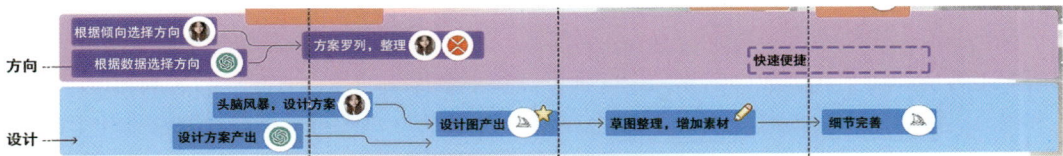

图 3-31　人工智能指导设计决策

（2）草图绘制阶段。

设计师在草图绘制阶段广泛使用文生图与图生图的方法，但在实际应用中存在许多问题。例如，设计师在进行造型推导时经常无法有效控制人工智能，导致生成的图片无法令人满意。图 3-32 和图 3-33 展示了无法正确使用图片生成工具的案例。

图 3-32　缺乏控制的造型推导案例（1）

图 3-33　缺乏控制的造型推导案例（2）

在通常情况下，面对大量的生成图片，设计师难以选择出有用的草图，这主要是由于限制词的使用较少。相较于 Stable Diffusion，Midjourney 能够添加更多的限制条件，并且通过反向提示词的加权来修改图片。然而，Stable Diffusion 拥有更易获得结果的训练模型，使许多初学者更倾向于选择后者，而不是参数较为复杂的 Midjourney。

人工智能生成图片在工业设计领域的草图绘制阶段，对优化设计方案具有重要作用。

首先，人工智能绘图工具能够生成大量图像，为设计师提供丰富的创意和灵感支持。通过使用人工智能绘图工具生成的图片，设计师可以获得多样化的设计方案，图 3-34 和图 3-35 就是利用人工智能绘图工具产出的大量草图，有助于设计师在草图阶段进行快速探索和尝试。

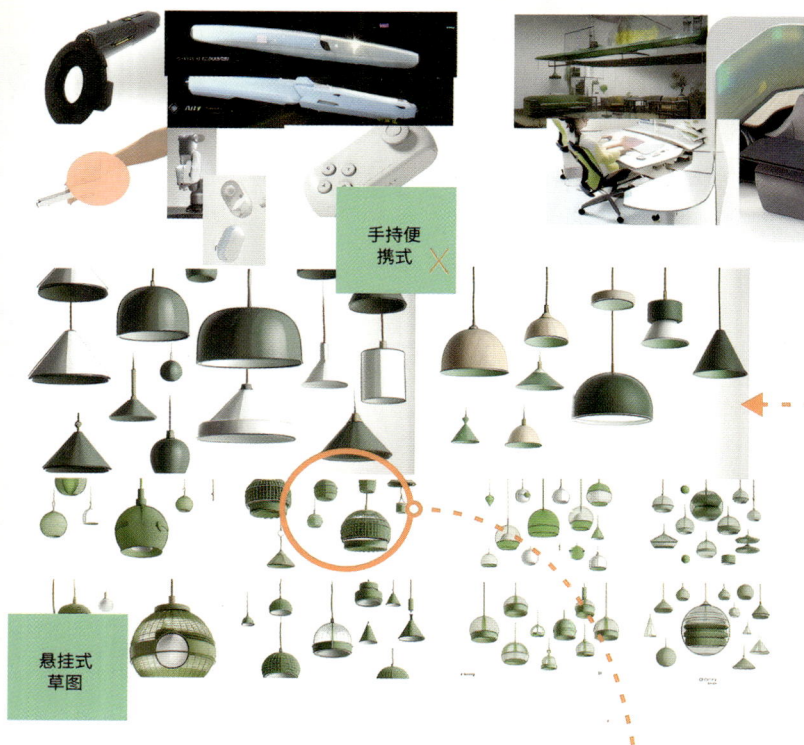

图 3-34　通过人工智能绘图工具获得大量灯具设计方案草图

图 3-35　通过人工智能绘图工具获得大量机器人设计方案草图

其次，人工智能绘图工具有助于设计师在草图绘制阶段进行设计的自动化和快速迭代。传统的草图绘制过程需要设计师手工绘制和修改多个版本的草图，耗时且容易出现疏漏。使用人工智能绘图工具，设计师可以通过算法和模型的支持，快速生成多个草图变体，快速实现迭代和设计优化。这样不仅节省了时间和精力，还加速了设计流程，使设计师能够更快尝试和比较不同的设计方案。

再次，人工智能绘图工具能够帮助设计师评估设计方案的有效性，并根据数据指导设计决策。设计师通过对生成的图片进行分析和比较，可以了解不同设计方案的优劣之处，评估其是否符合预期的设计目标和要求。设计师可以对人工智能绘图工具生成的图片进行修改和优化，以达到更好的设计效果。

最后，人工智能绘图工具能够帮助设计师在草图绘制阶段探索不同的造型和功能定义。设计师可以将人工智能绘图工具生成的图片作为参考和灵感来源，结合自己的创造力和直觉，进行设计探索和创新。设计师通过与人工智能合作，可以得到一些新颖的设计思路，从而提升设计方案的质量和创造性。

需要注意的是，人工智能绘图工具并不能完全替代设计师。尽管人工智能提供了创意和建议，但过于依赖预训练模型和固定的设计模式可能限制其创造性和个性化。此外，设计师向人工智能解释自己的设计作品和想法也面临挑战。如果人工智能无法完全理解人的意图或现实中不存在某些元素，其生成的图片可能受到随机性的影响，产生一些拼凑的或明显具有拼凑特征的产品，如图3-36所示。因此，在使用人工智能绘图工具时，设计师需要了解其局限性并灵活运用，将其作为辅助工具和创作过程中的参考，而不是唯一的决策依据。

图 3-36 人工智能欠缺对人的意图理解时绘制的图像

综上所述，人工智能在工业设计草图绘制阶段为设计师提供了丰富的创意激发、快速迭代、设计评估和探索创新的机会。通过与人工智能合作，设计师能够优化设计方案，加快设计流程，提升设计质量和创造性。然而，设计师需要意识到人工智能的局限性，结合自身的专业知识和直觉，灵活运用人工智能绘图工具，以取得更好的设计成果，如图 3-37 所示。

图 3-37　通过人工智能绘图工具优化投影设计方案

（3）故事板阶段。

人工智能在绘制故事板方面可以发挥重要作用。绘制故事板通常采用以下两种方法。

① 直接告知人工智能所需的风格，并要求其以故事板的形式呈现。

② 生成具有特定风格的二维线稿或画作，将它们组合在一起。

在图 3-38 所示的设计项目中，第二种方法占主导地位，绝大多数设计师选择了 Stable Diffusion。大多数设计师将由人工智能图像生成工具生成的故事板作为构图参考，并在此基础上进行绘制和描摹，这样可以获得更好的效果。

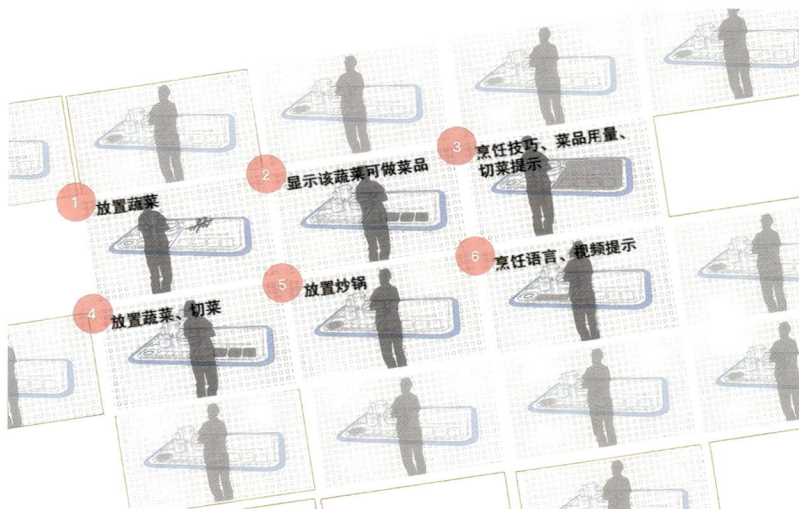

图 3-38　在人工智能绘图工具生成故事板的基础上绘制

思考题

1. 人工智能如何提升工业设计中的市场调研效率？请举例说明人工智能在用户需求分析、竞争产品分析和趋势预测中的具体应用。

2. 人工智能在市场调研中的应用是否会导致对用户真实需求的误解？如何确保人工智能调研结果的准确性与可靠性？

实践题

1. 由人工智能驱动的多角色对话模拟与产品定义优化

（1）多角色对话设计。

① 为"健康监测手环"设计定义，赋予对话机器人不同角色。

② 设计多轮对话脚本，记录用户需求差异，输出角色需求分析表。

（2）由数据驱动的迭代优化。

① 将对话机器人生成的用户反馈数据整理为交互式可视化工具，辅助团队快速识别关键问题。

② 根据可视化结果调整产品定义，输出最终设计方案。

2. 人工智能辅助设计草图生成与 3D 建模实践

（1）人工智能辅助设计草图生成。

① 使用人工智能工具，输入关键词，生成至少 3 种不同风格的初始设计草图。

② 记录生成过程中的提示语调整，并分析人工智能生成结果的创意性与局限性。

（2）3D 建模与优化。

① 将选定的草图通过人工智能生成 3D 模型。

② 对比人工智能生成的 3D 模型与传统手工建模的差异，讨论其在效率和创意上的优势。

（3）用户反馈模拟。

使用对话机器人模拟用户反馈，提出改进建议，并调整设计细节。

第 4 章

人工智能辅助设计优化与验证

4.1 产品设计优化

产品设计优化方法，既包括传统的设计优化方法，又包括基于人工智能的设计优化方法。在竞争激烈的市场中，通过优化产品设计来提升用户体验、增强产品功能性和可持续性变得至关重要。

传统产品设计优化方法源自多年的实践和经验，设计师通过三维模型、故事板、渲染效果图、材料工艺分析和结构分析等手段，努力追求产品的完美与创新。图 4-1 所示为故事板示例。这些传统产品设计优化方法在许多领域取得了显著成果，但也面临一些挑战，如设计周期长、主观因素影响和对专业知识的依赖。

随着人工智能的快速发展，将人工智能用于产品设计优化，为产品创新设计带来新的可能性和突破。人工智能能够处理大量数据和信息，并具备学习和创造能力，这使其在设计优化中具有巨大潜力。设计师通过结合人工智能与传统设计工具（如 Photoshop），可以更高效地传达设计意图、生成更精确的产品模型和渲染效果图，并通过智能算法进行自动设计优化。图 4-2 所示为 Photoshop 与人工智能结合应用示例。

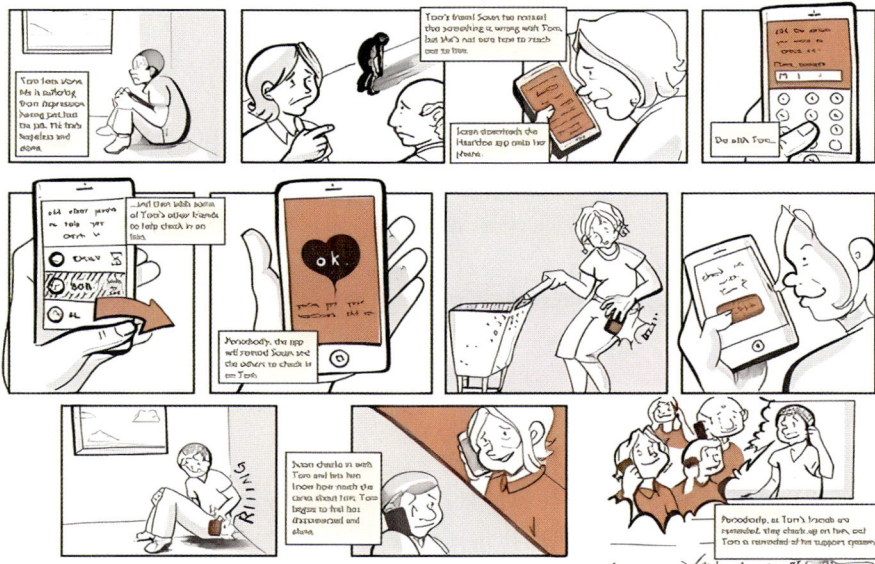
图 4-1 故事板示例

图 4-2 Photoshop 与人工智能结合应用示例

在了解传统产品设计优化方法的基础上，设计师能够应用人工智能进行设计方案优化。下面将详细探讨传统产品设计优化方法，同时介绍如何利用人工智能改进产品设计过程。此外，还将提供实际案例，展示人工智能在产品设计优化中的应用，并探讨其带来的影响和未来的发展方向。

4.1.1 传统产品设计优化方法

设计优化是指在产品设计过程中，通过改进设计方案、优化产品性能和提升用户体验，取得更好的设计效果和市场竞争力。设计优化是一个综合性任务，涉及多个领域和因素，如功能性、美观性、可制造性、可维护性等。

传统产品设计优化方法是基于多年的实践和经验积累的方法论，旨在改善产品的功能性、美观性、可用性和生产效率。

传统产品设计优化方法在许多行业和领域被广泛采用，并取得了显著的成果。设计师通过三维模型、故事板、渲染效果图、材料工艺分析和结构分析等手段，致力于解决设计中面临的挑战，并提供创新的解决方案。

设计师在产品设计优化过程中常常面临一些挑战和限制。

首先，设计师需要平衡多个设计目标，如性能、成本、可制造性和可维护性。这些目标可能发生冲突，设计师需要在不同目标之间做出权衡和取舍。

其次，设计优化通常受到各种约束和限制，包括资源、时间和技术方面的限制。设计师需要在相关限制的基础上对产品设计进行优化。

此外，在设计优化中，多个领域的专家通常需要协同工作。不同领域专家的沟通和合作是一个复杂的挑战，需要有效协调。

最后，设计优化通常需要多次进行改进和迭代，需要大量的时间和资源。因此，设计师需要找到有效的方法和工具，以提高设计改进和迭代的效率。

1. 三维模型设计

（1）绘制三维模型的基本原理和方法。

三维模型是一种将真实世界的物体或场景转化为具有三维空间信息的数学模型的方法。它通过计算机图形学技术，能够准确地描述物体的形状、尺寸、纹理和材质等属性，为设计师提供了一个虚拟的创作环境。在三维模型设计中，设计师使用三维建模软件来创建物体的三维几何形状，以满足设计要求和目标，如图 4-3 所示。

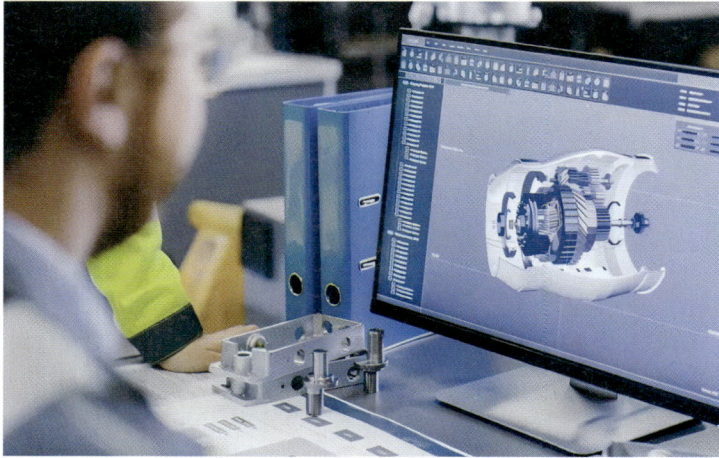

图 4-3　用 CAD 软件设计三维模型

常见的三维建模方法包括多边形建模、曲面建模和体素建模。

① 多边形建模是最常用的方法之一，通过使用各种基本形状的多边形（如三角形和四边形）来构建物体的表面。

② 曲面建模更加注重物体表面的平滑和曲线特性，通过绘制和调整曲面来创建物体的形状。

③ 体素建模是将物体划分为小的立方体单元，通过调整和组合这些立方体单元来构建物体。

在三维模型设计中，设计师可以使用各种工具和技术来绘制、操纵和编辑三维模型。这些工具可以提供各种功能，如选择、移动、缩放、旋转和变形等，以帮助设计师取得所需的设计效果。此外，设计师还可以通过应用纹理贴图和材质设置来增加模型的真实感和细节。

（2）三维模型优化策略和实践。

在三维模型设计中，设计师可以采用一些优化策略来提高模型的质量和性能。这些策略旨在降低复杂度、优化模型的拓扑结构、确保模型具有正确的比例和尺寸，以及优化模型的纹理和材质。

① 降低模型的复杂度。

复杂的模型会增加计算和渲染的负担，导致效率下降。设计师可以通过简化模型的几何结构、减少多边形的数量等方式来降低模型的复杂度，从而提高效率。

② 优化模型的拓扑结构。

模型的拓扑结构对后续操作和渲染效果具有重要影响。设计师可以优化模型的拓扑结构，优化模型的面片流向，减少不必要的面片和边缘，以提高模型质量和渲染效果。

③ 确保模型具有正确的比例和尺寸。

在三维模型设计中，正确的比例和尺寸可以保证模型与实际物体相配，确保模型的真实性。设计师需要仔细调整和验证模型的比例和尺寸，以确保其准确性。

④ 优化模型的纹理和材质。

优化模型的纹理和材质可以增强模型的真实感和视觉效果。设计师可以使用合适的纹理映射技术、材质调整工具，对模型的纹理和材质进行优化和调整，以达到更好的视觉效果。

2．故事板和场景图

故事板和场景图是在产品设计过程中重要的可视化工具，有助于设计师更好地了解和传达设计概念、产品功能和用户体验。故事板通常由一系列图像组成，叙述产品在使用场景中的故事或操作流程；场景图则是静态图像，用于呈现产品在特定场景中的外观、交互和使用情境。用户场景种类及设计流程，如图 4-4 所示。

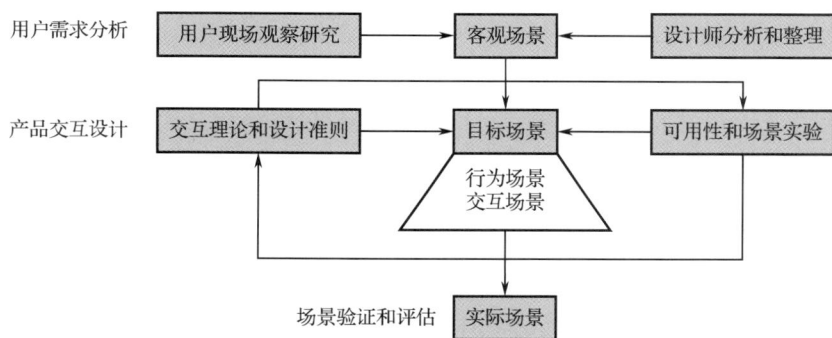

图 4-4　用户场景种类及设计流程

故事板和场景图具有以下作用。

① 传达设计意图。

通过故事板和场景图，设计师可以将自己的设计意图和理念直观地传达给他人，包括客户、团队成员和利益相关者。故事板和场景图可以帮助他们更好地了解产品的功能、特点和用户体验。

② 引发情感共鸣。

故事板和场景图可以通过情感化的表达方式使观众产生情感共鸣。通过生动的图像和场景，人们可以更好地体验和感受产品的使用场景，从而增强对产品的情感认同和兴趣。

③ 发现设计问题。

故事板和场景图可以帮助设计师发现潜在的设计问题和改进点。设计师通过观察和分析图像中的细节和交互过程，可以检查产品的可用性、可视性和操作性，从而改善产品设计。

（1）如何有效地创建故事板和场景图。

有效创建故事板和场景图需要一定的方法和技巧，包括以下几个方面。

① 确定故事情节。

在创建故事板时，首先需要明确故事情节和主题。故事情节应该紧密围绕产品的设计目标和用户需求展开，从而呈现产品在使用场景中的关键功能和特点。设计团队通过清晰的故事情节，可以更好地了解产品的核心理念，并将其转化为可视化的形式。

② 确定关键场景。

确定关键场景是创建场景图的重要一步。关键场景应该是具有代表性和关键性的使用场景，以展示产品的关键功能和用户体验。设计师通过选择具有代表性的场景，可以让用户更好地了解产品的用途和优势。关键场景应该紧密结合产品设计目标，并突出产品在实际使用中的核心价值。

③ 选择合适的视觉风格和元素。

根据故事板和场景图的目的和受众群体，选择合适的视觉风格和元素，包括色彩、构图、视角、人物角色等，确保图像风格和元素与产品设计风格一致，以提高视觉沟通效果。设计师通过选择合适的视觉风格和元素，可以增强故事板和场景图的表现力，使其更具有吸引力和易于他人理解。

④ 使用标注和说明。

在故事板和场景图中，标注和说明可以帮助观众更好地了解图像中的细节和交互过程。标注和说明应该简洁明了，突出重点，并与图像配合使用，以提高沟通准确性和效果。设计师通过使用标注和说明，可以准确表达产品的功能和特性，帮助用户更好地了解产品的使用方式和交互流程。

（2）利用故事板和场景图进行设计优化的案例。

故事板和场景图不仅可以用于传达设计意图，还可以作为设计优化工具。设计师可以利用故事板和场景图来搜集反馈、进行用户测试和评估设计效果。

以下是一个关于如何利用故事板和场景图进行设计优化的案例。

假如设计师正在开发一款智能手表，并希望改善其用户体验。设计师可以创建一个故事板，以展示手表在不同场景下的功能和交互流程。这个故事板可以包含多个场景，如日常生活、户外运动和工作场景，以展示手表在各种使用情境下的关键功能和特点。

设计师可以与团队成员一起讨论和确定故事板的故事情节和主题。故事情节应该紧密围绕产品设计目标和用户需求展开，以呈现手表在各种使用场景中的关键功能和体验。例如，设计师可以选择展示手表的智能通知、健康监测以及快速支付等功能。

接下来，设计师可以使用适当的视觉风格和元素来绘制场景图。合适的颜色、构图、视角和人物角色等，可以提高视觉沟通效果。设计师要确保图像风格和元素与产品设计风格一致，使故事板更具一致性和专业性。

故事板完成后，设计师可以通过故事板与潜在用户进行讨论，搜集用户反馈。设计师可以将故事板展示给用户，并与他们讨论手表的功能和交互流程，以了解用户对手表的需求和偏好。这种用户参与的过程可以帮助设计师发现潜在的问题或改进点，有助于对设计进行优化。

基于用户反馈，设计师可以进行相应的修改和优化。设计师可以调整故事板中的场景、功能或交互方式，以更好地满足用户的期望和需求。通过不断优化和迭代，设计师可以逐渐改善手表的设计，提升用户的体验和产品价值。

3. 渲染效果图和人机图

（1）渲染效果图和人机图的用途及意义。

渲染效果图和人机图在产品设计中具有重要的作用，它们能够以逼真的方式展示产品的外观、材质和交互效果，帮助设计师和利益相关者更好地了解和评估产品设计。

① 渲染效果图。

渲染效果图是使用计算机图形技术将三维模型渲染成逼真的二维图像。它可以展示产品在不同光照和材质条件下的外观和细节，让设计师和客户能够更好地预览和评估产品的外观效果。

② 人机图。

人机图是将人体和产品结合在一起的图像，用于展示产品与用户之间的交互方式和人机工程设计。人机图能够帮助设计师更好地了解产品与用户之间的关系，评估产品的可用性和人机交互效果，如图 4-5 所示。

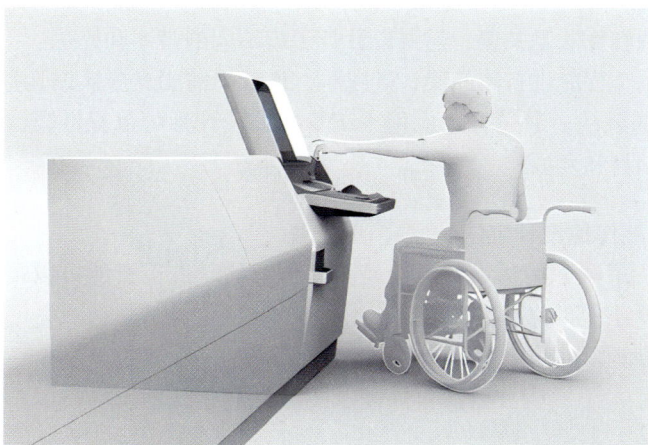

图 4-5　人机图示例

（2）充分利用渲染效果图和人机图。

渲染效果图和人机图不仅可以用于产品设计优化，还可以用于产品设计展示和宣传。

① 评估外观和材质。

通过渲染效果图，设计师可以评估产品在不同材质和光照条件下的外观效果，可以调整材质和纹理，优化产品的外观和细节。

② 评估人机交互。

通过人机图，设计师可以观察人机图中的用户姿势、手势和操作产品的过程，检查产品的可用性和人机工程设计。

③ 展示和宣传。

渲染效果图和人机图可以用于产品设计的展示和宣传，可以作为宣传资料、展示板或产品介绍页面中的视觉元素，吸引用户和客户注意，提升产品形象和市场竞争力。

4.1.2　人工智能辅助产品设计优化

人工智能的基本原理和分类是实现智能行为的关键。基于模拟和扩展人类智能的原理，人工智能通过模拟人脑的认知过程和学习能力来实现智能行为。

在人工智能中，机器学习是一种基本技术，通过让计算机学习数据和经验来改善性能。监督学习、无监督学习和强化学习等方法被用于训练模型和优化设计。深度学习是机器学习的一种特殊形式，通过构建多层神经网络来模拟人脑的神经元结构和连接方式，实现对复杂数据的学习和表征。此外，自然语言处理是研究计算机与人类自然语言交互的技术，通过对语言进行分析和理解，使计算机能够处理和生成自然语言。

人工智能可以处理和分析大规模的设计数据，从中发现模式、趋势和关联，为设计优化提供依据。通过人工智能算法，设计师可以快速生成和评估大量的设计方案，加快设计迭代和优化的速度。此外，人工智能还可以根据设计要求和限制自动生成设计方案，减轻设计师的工作负担，并提供智能推荐和辅助决策，为设计过程提供指导和帮助。

然而，人工智能在产品设计优化方面也面临一些挑战。首先，人工智能需要高质量的数据进行训练和决策，而数据质量和隐私保护是一个挑战。其次，某些人工智能算法可能难以解释其决策过程，这对设计师和利益相关者来说可能是一个难题。最后，选择适合特定设计问题的人工智能模型和算法是关键，需要设计师了解不同的模型和算法。

因此，在利用人工智能进行产品设计优化时，设计师需要充分认识其基本原理和分类，并了解其优势和面临的挑战。通过合理应用人工智能，设计师可以提升设计效率和质量，进一步推动产品设计的创新和发展。

1. 使用人工智能传达设计想法

在产品设计中，了解和传达设计意图是至关重要的。人工智能可以帮助设计师有效与计算机交互，实现对设计意图的了解和传达。

（1）利用人工智能了解和传达设计意图。

在产品设计中，人工智能自然语言处理、图像识别和处理技术可以帮助设计师更好地传达设计意图。

一方面，自然语言处理技术让设计师能够使用自然语言来描述设计意图，包括产品的功能、特性和目标用户等。通过对自然语言进行分析和了解，人工智能可以帮助设计师更准确地传达设计意图。例如，设计师可以通过描述一款智能手机的特性和用户需求，让人工智能了解并将其转化为具体的设计要求和功能需求。

另一方面，图像识别和处理技术也对设计师的创作过程具有重要作用。设计师可以通过提供照片、草图或绘画作品来表达自己的想法。利用图像识别和处理技术，人工智能能够对图像进行分析和解释，从中提取关键信息，并将其转化为设计参数和要求。例如，设计师可以通过提供一张草图来描述产品的外观，人工智能可以识别图像中的形状、色彩和纹理等信息，并将其转化为设计参数，以供进一步设计和开发。

（2）使用自然语言处理和图像识别技术与人工智能进行交互。

在产品设计过程中，设计师可以通过自然语言处理交互和图像识别交互，与人工智能进行有效的沟通和交流，以更好地表达设计意图和要求。

在自然语言处理交互方面，设计师可以与人工智能进行自然语言对话，将设计意图和要求以语言形式提供给人工智能。人工智能通过分析和解释设计师的输入，了解并识别关键信息，提供相应的反馈、建议或设计方案。例如，设计师可以向人工智能描述一款智能家居产品的功能和用户需求，人工智能可以分析这些描述并提供相应的设计建议或改进方案。

设计师可以将设计草图、绘画或照片提供给人工智能。人工智能对这些图像进行分析，识别其中的关键元素和特征，并据此提供反馈和建议，帮助设计师更好地实现设计意图。例如，设计师可以将一张产品外观草图输入人工智能系统，人工智能系统可以识别草图中的形状、线条和比例等要素，并给出针对外观设计的改进建议或调整方案。

2．人工智能和 Photoshop 结合

（1）Photoshop 集成人工智能：优化图像编辑与设计。

在现代设计工作中，人工智能与 Photoshop 的集成为设计师提供了强大的图像编辑和设计优化工具，极大地改善了设计过程和结果，如图 4-6 所示。

图 4-6　Photoshop 集成人工智能

① 图像自动处理是 Photoshop 集成人工智能的重要应用之一。利用 Photoshop 集成的人工智能，设计师可以实现图像处理和编辑的自动化。人工智能借助训练好的模型，能够识别图像中的对象、边缘、色彩等特征，并自动进行应用滤镜、调整色彩平衡、修复瑕疵等操作，大大提高了图像处理的速度和准确性。

② 智能选择和分割技术的应用使设计师能够更加快速和准确地选择和分离图像中的特定对象或区域。利用 Photoshop 集成的人工智能，设计师可以精确定位所需编辑的对象或区域。集成人工智能的 Photoshop 为设计师提供了更大的灵活性，在对选定的对象或区域进行独立编辑和优化时能够取得更好的效果。

③ 智能填充和修复也是 Photoshop 集成人工智能的重要应用之一。通过学习大量的图像样本，人工智能能够智能填充图像中的空白区域，修复图像的瑕疵或删除不需要的元素，使设计师能够快速有效地改善图像质量，节省了大量的时间。

（2）人工智能辅助图像编辑和设计优化：提升效率与创造力。

设计师可以利用人工智能辅助进行图像编辑和设计优化，以提高效率和实现更出色的设计。

① 图像智能增强是人工智能辅助图像编辑的重要应用之一。通过学习大量的图像样本，人工智能可以实现智能图像增强。设计师可以利用这些功能来自动优化图像的亮度、对比度、色彩平衡等属性，从而改善图像质量和视觉效果。这种智能增强技术可以快速提升图像的吸引力和表现力。

② 智能风格迁移为设计师提供了一种快速实现不同图像视觉风格和效果的方法。通过学

习不同风格的图像样本，人工智能能够将不同风格应用到设计师的图像中。这使设计师能够在短时间内实现多样化的视觉风格，为设计作品增添独特的艺术色彩。智能风格迁移为设计师提供了更大的创造空间，有助于设计师实现个性化和多样化的设计效果。

③ 智能设计推荐是人工智能辅助设计优化的关键之一。通过将人工智能和 Photoshop 等设计工具结合，设计师可以获得智能化的设计推荐。基于对大量设计数据的学习和分析，人工智能能够给出针对特定设计任务的设计建议、样式选择或布局优化。这样的智能推荐可以帮助设计师更好地完成设计工作，提高设计效果和质量。

3. 基于人工智能生成图像的建模和渲染

（1）利用人工智能生成图像进行建模的方法和技巧：加速准确的建模过程。

在建模过程中，设计师借助人工智能生成的图像作为有价值的参考，能够更快速、更准确地进行建模操作，提高建模效率和质量。

设计师通过人工智能，可以将生成的图像转换为几何数据，如点云或多边形网格。这些几何数据能够作为建模的基础，帮助设计师捕捉图像中的形状和结构，用于创建三维模型。设计师通过将图像转换为几何数据，可以更好地了解图像的空间信息，并将其转化为具体的模型，如图 4-7 所示。

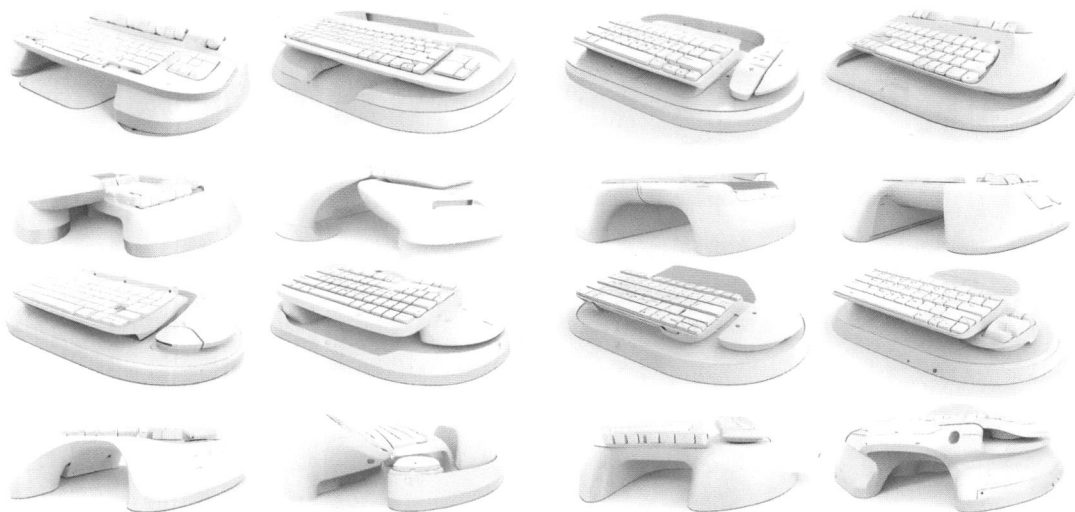

图 4-7　利用人工智能生成的模型

设计师应用自动建模算法，可以用人工智能生成的图像进一步生成模型。自动建模算法能够分析图像的特征、结构和纹理，将其转化为几何模型。设计师可以借助自动建模算法实现自动建模，节省时间和精力。设计师可以根据需要对模型进行编辑和优化，以满足设计要求。

人工智能生成的图像还可以作为设计师在建模过程中的引导。图像提供形状和视觉效果参考，帮助设计师调整模型的比例、轮廓、细节等方面，以更好地实现设计意图。设计师通过参考人工智能生成的图像，可以准确把握模型外观和风格，加快建模过程，并获得更符合预期的结果。

（2）基于人工智能生成的图像的渲染步骤和实践：提升视觉效果与展示质量。

基于人工智能生成的图像进行渲染是一种有效的方法，能够为设计师提供高质量的视觉效果，帮助其更好地展示和优化设计作品。

设计师可以利用人工智能生成图像的材质和纹理信息。设计师将相关信息应用到模型表面，选择适当的渲染材质和纹理贴图，能够增强模型的真实感和质感。设计师通过选择合理的材质和纹理，可以让模型更加逼真，呈现出期望的外观效果。

设计师可以根据人工智能生成的图像中的光照信息进行灯光设置。设计师通过调整灯光的位置、强度和颜色等参数，能够准确还原图像中的光影效果。灯光设置的精确调整可以帮助设计师营造出符合设计意图的氛围和情感，使渲染结果更加逼真，如图 4-8 所示。

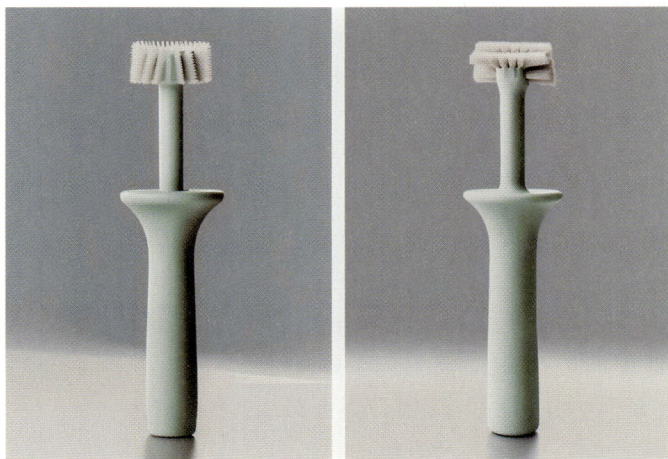

图 4-8　利用人工智能生成的渲染图

此外，设计师需要根据人工智能生成的图像的特点和效果进行渲染设置和参数调整，包括选择合适的渲染算法、设定光线追踪的深度和采样率等。设计师通过细致调整渲染引擎参数，可以获得最佳的渲染结果，使图像在细节和效果方面更加出色。

4.1.3　使用人工智能进行产品设计优化的案例

下面我们通过一系列案例展示如何利用人工智能进行产品设计优化，涵盖三维模型、模型优化、故事板、渲染效果图、场景图。这些案例旨在为设计新手提供可读性强且易于理解的内容，帮助其提升设计水平。

案 例 一

三维模型优化

产品定义：创意旅行摄影器材背包
产品名称：ExpoCapture
产品描述：ExpoCapture 是一款专为旅行摄影师设计的创意旅行摄影器材背包。它将设备携带问题和摄影创意的需求相结合，为用户提供全方位的解决方案。ExpoCapture 旨在帮助旅行摄影师更便捷地携带、保护和使用摄影器材，同时提供创新功能和优雅外观。

1. 主要功能
（1）可调节模块化设计。

ExpoCapture 采用可调节模块化设计，内部空间可以根据不同的器材需求和场景灵活调整和组织。用户可以根据自己的设备配置，快速调整背包内部结构，最大限度地利用空间并确保设备的安全。

（2）智能保护和安全性。

ExpoCapture 内置智能保护系统，通过传感器监测和警示异常情况，如撞击、水激活等，保护设备免受意外损坏。背包外层采用防水材料，使器材免受雨水和突发天气的侵害。

（3）太阳能充电功能。

ExpoCapture 内置太阳能充电板，通过吸收太阳能并将其转化为电能，为用户的摄影设备和移动设备提供可靠的电力来源。用户在户外环境中无须依赖电源插座，可以随时随地充电，延长摄影时间，增加摄影机会。

（4）无线充电功能。

ExpoCapture 具备无线充电功能，用户能够方便地为设备和智能手机充电。只需将摄影器材和移动设备放在背包指定区域，即可享受便捷的无线充电体验，摆脱繁琐的充电线。

2. 创意外观设计

ExpoCapture 以现代、时尚的外观设计为特色，用高品质材料制造，细节精致。用户可以选择个性化的外观选项，展示自己的摄影风格和品位。

ExpoCapture 致力于为旅行摄影者提供一种全面且创新的解决方案，使其能够轻松、安全、便捷地携带摄影器材，捕捉并展现旅行目的地的风采。

在设计初始阶段，设计师通过添加对产品预期的描述，使用人工智能生成了一些产品效果图，如图 4-9 所示。然而，这些图并不能令人满意，因为在生成产品效果图时，添加了过多的描述，导致人工智能无法准确理解并给出设计师期望的结果。

图 4-9　第一次利用人工智能生成的产品效果图

设计师经过分析和反思，决定对这个过程进行调整和改进，更加明确和重点强调产品的某些关键功能，以使人工智能更好地理解设计师的意图，生成更精确的效果图。在这次尝试中，设计师更强调产品的两项关键功能，希望能够取得更好的效果。

这种方法的目的是让人工智能集中注意力并更好地了解设计师的需求。通过减少冗余的描述，并将重点放在最关键的功能上，能够提高人工智能生成的产品效果图的准确性和满意度。

设计师的目标是通过精确描述产品的核心特征，引导人工智能在生成效果图时更好地了解和捕捉设计师的意图。这种重点强调方法可以消除先前遇到的问题，使生成的产品效果图更贴近设计师的预期。

下面是设计师第二次给人工智能的提示语：

Product Definition：ExpoCapture - Creative Travel Photography Gear Backpack.Product Name：ExpoCapture Product.Description：Customizable. Internal Structure：Design an internal structure that can be adjusted and customized according to the photographer's needs. This allows photographers to arrange the internal space of the camera bag based on their equipment combination and personal preferences，maximizing efficiency and convenience.Built-in Workstation：Incorporate a foldable workstation within the camera bag to provide a convenient shooting and organizing space. Photographers can unfold it when needed，making it convenient for equipment organization，lens changes，or temporary adjustments.

为了进一步改进产品效果图的生成过程，设计师针对产品的太阳能充电功能和内置充电结构等关键功能进行了详细的描述和调整。通过调整描述中的关键词，成功生成了产品效果图，这一次的效果基本达到了预期，如图4-10所示。

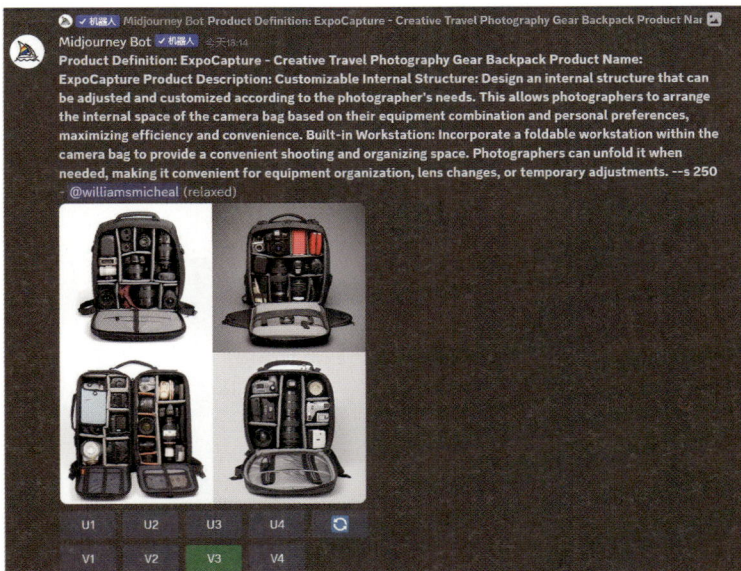

图4-10　人工智能通过提示语第二次迭代生成的产品效果图

对于产品的太阳能充电功能，设计师强调产品内置的太阳能充电板和充电控制器，实现满足绿色环保要求的能量搜集和储存。设计师描述了太阳能充电板的高效转换能力，太阳能充电板能够在阳光充足的情况下快速吸收太阳能并将其转化为电能。同时，设计师还强调了充电控制器的智能管理功能，充电控制器能够确保充电过程的安全性和稳定性。关键词的调整使产品效果图能够更好地展示产品的太阳能充电功能。

对内置充电结构，设计师描述了产品内部的充电模块和连接接口，强调充电模块的紧凑设计和高效充电速度，使用户能够便捷地进行充电操作。同时，设计师还特别提及接口的多功能性和兼容性，使其能够适配各种充电设备和接口类型。这些调整让产品效果图能够更好地展示产品内置充电结构的特点和优势。

在这次生成产品效果图的过程中，设计师选择了 U1、U3、V1 和 V3 进行进一步优化。设计师通过对关键词加强描述，使产品效果图更加准确地呈现出产品的核心特性和功能。关键词的选择和深化使产品效果图更加符合预期，能够更好地展示产品的特点和优势。

产品定义和产品名称保持不变，其余提示语为：太阳能充电功能，背包的背部或顶部装有太阳能充电板，可以通过太阳能获得电力。这样，摄影师可以在户外环境中利用太阳能为背包内的设备充电，为设备提供可靠的电力来源，延长设备使用时间。

背包具有创意外观设计，可选择多种外观套件、LED 灯带装饰或个性化定制标识，提供个性化和辨识度。

背包高度可扩展，具备可调节的模块化结构和扩展机构，容量可灵活调整，以适应不同的装备需求和储存要求。

下面是设计师第三次给人工智能的提示语：

Product Definition：ExpoCapture - Creative Travel Photography Gear Backpack；Product Name：ExpoCapture.Built-in wireless charging：ExpoCapture is also equipped with built-in wireless charging Functionality allowing users to conveniently charge their devices and smartphones. Photography gear and mobile devices simply need to be placed in the designated area of the backpack to enjoy the convenience of wireless charging, eliminating the hassle of tangled charging cables. Creative exterior design：Expo Capture features a modern and stylish exterior design, crafted with high-quality materials and exquisite attention to detail. Users can choose personalized exterior options to showcase their own photography style and taste.

基于人工智能通过提示语第三次迭代生成的产品效果图（如图 4-11 所示），设计师再次利用人工智能生成了几张类似的产品效果图，如图 4-12 所示。这次的目标是让人工智能通过学习图片的特征和样式，生成相似的产品效果图。

图 4-11　人工智能通过提示语第三次生成的产品效果图

图 4-12　人工智能通过提示语第四次生成的产品效果图

　　在这个过程中，人工智能尝试了解图片中的元素和关系，并根据所学知识生成新的产品效果图。每张产品效果图都是人工智能通过学习生成的，它们在样式和特征上与原始图片存在一定的相似性。

　　设计师经过仔细评估和筛选，最终确定将图 4-13 和图 4-14 作为本次与人工智能合作产生的最终作品。这两张图是设计师通过与人工智能合作生成的，旨在满足自己的创作和设计需求。接下来，设计师需要对两张图进行综合考量，包括它们在视觉上的吸引力、与产品特点的契合度，以及对目标受众的影响力等因素。

　　第一张图（图 4-13）突出了产品的实用性和功能性，通过简洁而精确的设计，突出了产品的关键特点，并以清晰的方式展示了产品的使用场景。这张图能够让观看者迅速了解产品的用途和优势，并产生与产品相关的积极情感。

　　第二张图（图 4-14）具有令人印象深刻的视觉效果，展现了产品的关键功能和特点，通过充满细节和富有创意的构图，吸引了观看者的目光。这张图能够清晰地传达产品的价值主张，并激发潜在用户的兴趣。

图 4-13　最终选择方案（1）

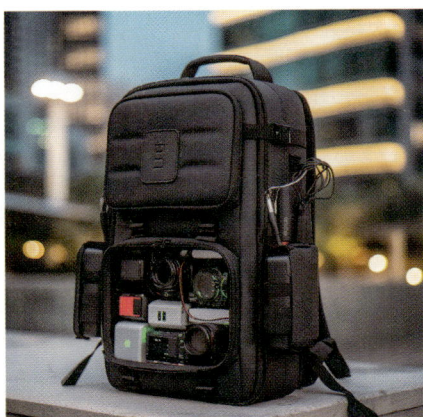

图 4-14　最终选择方案（2）

设计师对这两张图的最终选择是基于它们在视觉上的吸引力以及与产品目标的契合度。它们能够有效地传达产品的核心信息，并引起观看者的共鸣。同时，它们与品牌形象和市场定位一致，为目标受众带来有意义的体验。

这次与人工智能的合作，使设计师在创作过程中获得了有力支持和灵感。通过人工智能的帮助，设计师能够获得更多的设计选项和创意方案，更好地满足客户的需求和市场的期望。

如图 4-15 和图 4-16 是消防产品案例展示。

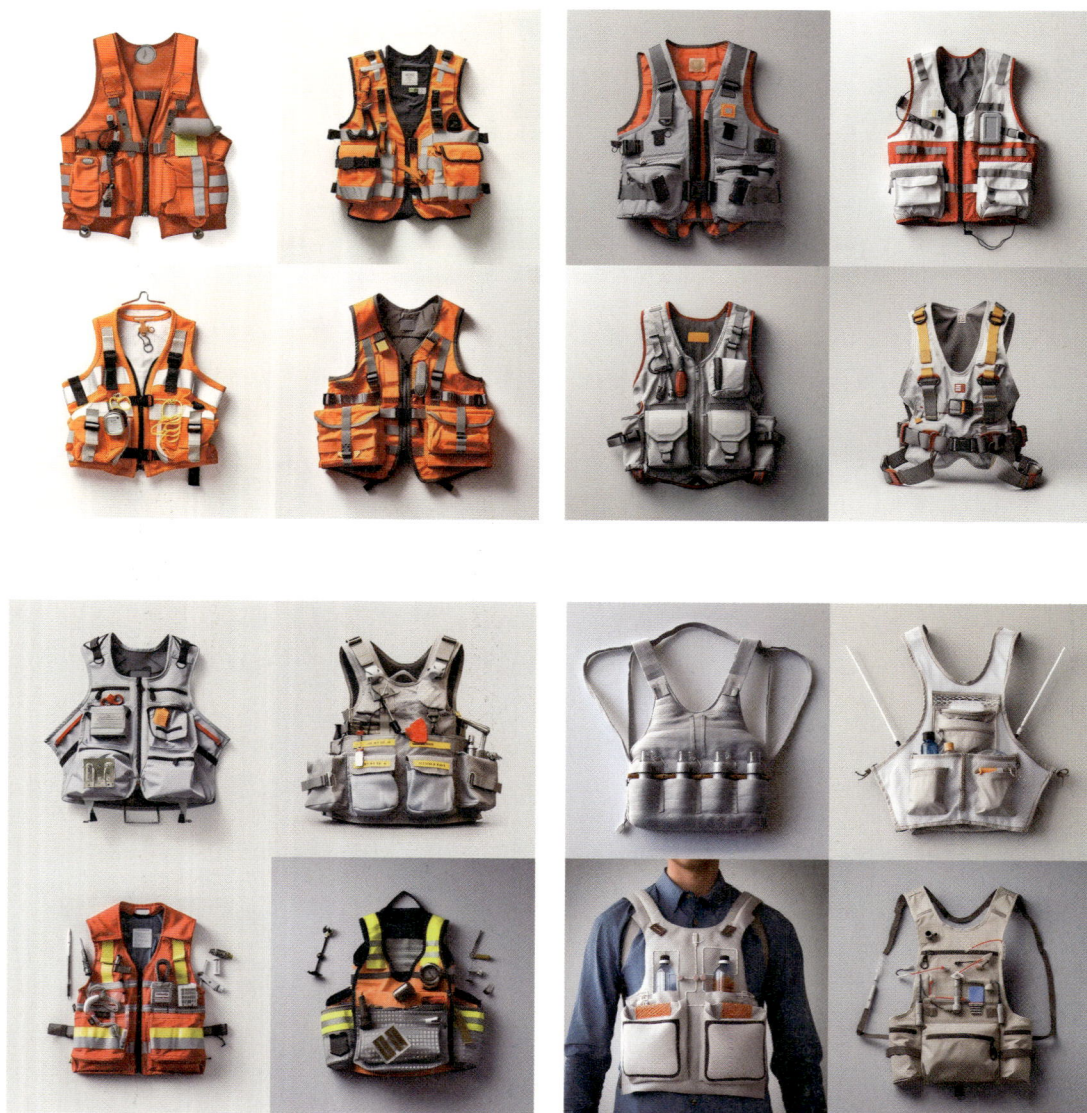

图 4-15　消防产品案例展示（1）

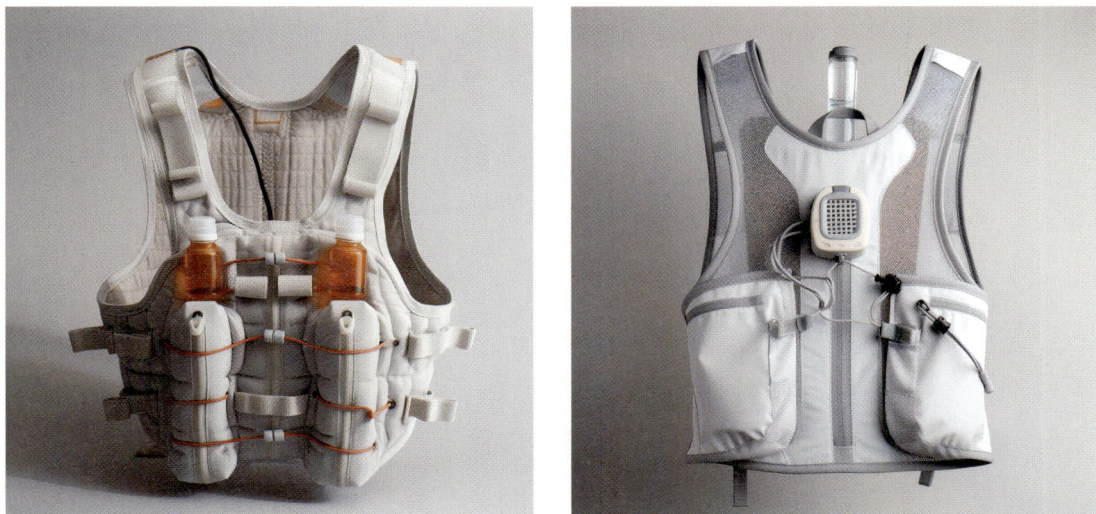

图 4-16　消防产品案例展示（2）

渲染效果图优化

　　设计师计划开发一款智能按摩宠物窝，为猫、狗等宠物爱好者提供更加舒适、安全的个性化、定制化服务。睡眠床垫中内置传感器，可以精准测量每个宠物的体型大小和体重，从而为其提供最佳舒适度。

　　此外，该产品还具有多种按摩功能，如提供多点滚动式按摩、局部指压按摩、温热按摩等功能，带给宠物愉悦的体验。同时，该产品利用云计算技术实现远程控制，主人可以轻松对宠物进行日常管理。

　　图 4-17 为对年龄 25 ~ 34 岁的宠物爱好者进行调研。

图 4-17　对年龄 25 ~ 34 岁的宠物爱好者进行调研

　　与其他类似产品相比，该产品采用创新性的设计理念，除降低主人负担之外，还真正解决了宠物的生活品质问题，而且易于使用和维护。

　　下面是设计师第一次给人工智能的提示语：

Industrial design, pet house, massage service, soft, cute, warm, comfortable, half-open--s750--v5.1.

　　人工智能第一次生成的产品效果图，如图 4-18 所示。

图 4-18　人工智能第一次生成的产品效果图

根据上述结果进行第二次优化，人工智能第二次生成的产品效果图如图 4-19 所示。

图 4-19　人工智能第二次生成的产品效果图

下面是设计师第二次给人工智能的提示语：

I want to design an intelligent pet bed with massage function. It looks comfortable and gentle, with a soft cushion at the bottom that has massage heads. The color scheme is bright, and it is semi-open style, suitable for medium-sized dogs or cats. In addition, the temperature can be adjusted and the material is eco-friendly and durable --s750--v 5.1

然后，设计师继续选择其中有价值的方案进行进一步优化，人工智能第三次生成的产品效果图如图 4-20 所示。

图 4-20　人工智能第三次生成的产品效果图

接下来，设计师选择图 4-20 中的 A 图让人工智能再次优化，人工智能第四次生成的产品效果图如图 4-21 所示。。

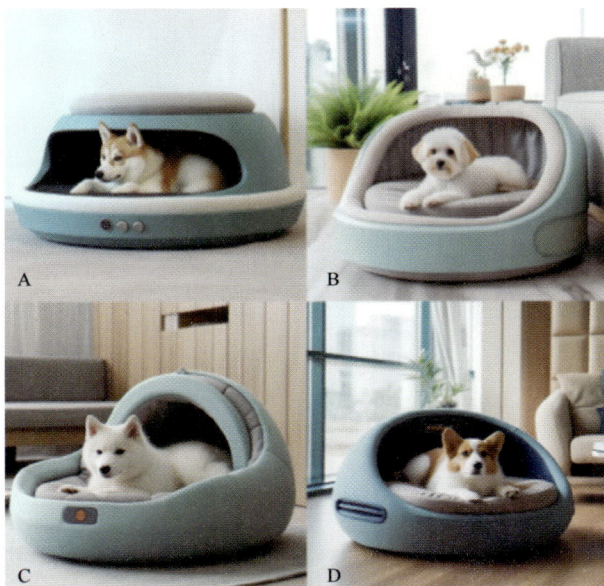

图 4-21　人工智能第四次生成的产品效果图

设计师选择图 4-21 中的 D 图让人工智能进一步优化，人工智能第五次生成的产品效果图如图 4-22 所示。

图 4-22　人工智能第五次生成的产品效果图

设计师选择图 4-22 中的 D 图让人工智能进行优化，人工智能第六次生成的产品效果图如图 4-23 所示。

图 4-23　人工智能通过第六次生成的产品效果图

设计师选择图 4-23 中的 A 图让人工智能再次迭代，人工智能第七次生成的产品效果图如图 4-24 所示。

图 4-24 人工智能第七次生成的产品效果图

　　设计师要求人工智能按照前面的要求重新绘制，人工智能第八次生成的产品效果图如图 4-25 所示。

图 4-25 人工智能第八次生成的产品效果图

　　设计师让人工智能给出新的方案，在这一过程中并未更改提示语，人工智能第九次生成的产品效果图如图 4-26 所示。

图 4-26　人工智能第九次生成的产品效果图

当发现人工智能不能再产生新的概念产品时，设计师将人工智能生成的图片汇总，选择最符合要求的产品设计方案，如图 4-27 所示。

图 4-27　最终产品设计方案

4.2 设计评估和用户体验

4.2.1 设计评估方法

随着人工智能的不断进步，对话机器人在各个领域得到了广泛的应用。评估方法在设计过程中具有至关重要的作用，可以帮助设计师验证设计方案的合理性、可行性和竞争力。在利用对话机器人进行设计的领域，对评估方法的选择和应用至关重要，这里从三个角度出发提出较为全面的设计评估方法，分别为对话机器人评估、用户评估与专家评估。

1. 对话机器人评估

在与对话机器人合作进行设计时，设计师可以利用对话机器人评估设计方案的可行性与合理性。下面讲述从对话机器人角度提出的一些方法，主要为定义评估、对话框评估、比较评估、竞争产品评估和角色扮演评估，这五种评估方法在设计实践中可以相互补充、交叉应用，为设计师提供全面而准确的评估手段，如图 4-28 所示。通过这些方法，设计师能够深入探究设计方案的优势、局限性及用户需求，进而改进和优化产品设计，满足用户的期望和市场需求。

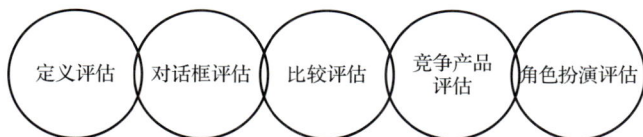

图 4-28　基于对话机器人的五种评估方法

（1）定义评估。

定义评估是设计师与对话机器人进行对话交互，设计师直接提问并自主归纳产品需求的评估方法。该方法的目标是通过与对话机器人对话，深入了解对话机器人生成的产品设计，评估其可行性、合理性，以及满足用户需求的程度。定义评估的过程包括提问对话机器人关于产品设计的问题、分析对话机器人的回答、自主归纳需求，并进一步评估对话机器人给出的设计方案的可行性和市场适应性。

① 设计师通过与对话机器人对话，直接向对话机器人提出与产品设计相关的问题。设计师可以询问关于产品的特性、功能、优势和目标用户等方面的问题，了解对话机器人自身对该产品的定义和看法。这种直接的对话交互可以帮助设计师获取对话机器人对产品设计的具体描述和观点，从而更全面地了解对话机器人所生成产品的定位和意图。

② 设计师需要仔细分析对话机器人给出的回答。其中包括对回答的准确性、合理性，以及与设计师期望的契合度进行评估，进而从对话机器人的回答中获得关于产品设计的多维度的描述和特征，更好地了解对话机器人的产品设计思路和设计理念。

③ 设计师可以自主归纳产品需求。根据对话机器人的回答和提供的信息，设计师可以总结出对产品功能、特性、用户体验等方面的需求，并形成自己的产品定义。这个过程允许设

计师对对话机器人的设计方案进一步补充、调整或改进，以满足自身的期望和需求。

④ 设计师可以基于自己归纳的产品定义，进一步评估对话机器人给出的设计方案的可行性和合理性。例如，设计师可以向对话机器人提问关于设计方案的可行性、技术实现、市场潜力等方面的问题，获取对话机器人对设计方案的评估和建议。这种评估过程有助于设计师深入了解对话机器人生成的产品设计方案的可行性，以及与市场和用户需求的匹配程度。

通过定义评估，设计师能够直接与对话机器人进行交互，深入了解对话机器人对产品设计的了解和看法。通过提问、分析回答、自主归纳需求，以及评估产品可行性和合理性的过程，设计师能够进一步优化和改进对话机器人生成的产品设计方案，实现更符合用户期望和需求的产品定义。这种交互式的评估方法为用户提供了与对话机器人合作设计产品的机会，促进了人工智能与人类设计师的合作和创新。

定义评估允许设计师直接向对话机器人提问关于设计方案的合理性和可行性的问题，从而获得直接反馈，能够帮助设计师了解人工智能生成的设计方案是否满足其需求和期望，并为后续的设计决策提供参考。

定义评估的主要局限是依赖设计师的提问和对话机器人的回答。这种方法受限于设计师提问的准确性和完整性，以及对话机器人的回答能力。此外，由于缺乏交互性，这种评估方法可能无法深入挖掘用户需求和设计方案存在的潜在问题。

（2）对话框评估。

对话框评估是一种设计师与对话机器人进行设计合作时的评估方法，旨在确保在一个对话框内生成同一个设计方案，并在回答所有问题后对对话机器人的设计方案进行综合评估，评估其合理性和可行性。该方法可以帮助设计师全面了解对话机器人生成的设计方案，发现潜在的问题或改进的空间，并促进与对话机器人的有效合作。

对话框评估框架如图 4-29 所示。

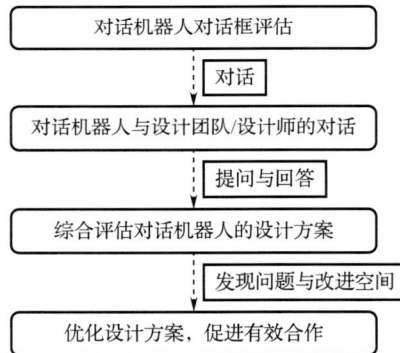

图 4-29　对话框评估框架

① 在对话框评估中，设计师与对话机器人对话，依次提出与设计方案相关的问题，并等待对话机器人回答。通过在一个对话框内进行交流，设计师能够确保讨论的设计方案是连贯和一致的，各个问题之间的关联性得到维持。这种方式可以帮助设计师更好地了解对话机器人生成的设计思路和方案，从中获得全面的信息。

② 在对话框中提出所有与设计方案相关的问题，并得到对话机器人的回答后，设计师可以对整个设计方案进行综合评估。评估的重点是对对话机器人给出的设计方案的合理性和可行性进行审查。设计师可以根据对话框中的内容，评估方案是否符合自己的需求、目标和预期，

并检查其是否符合设计的基本原则和标准。

③ 为了评估设计方案的合理性，设计师可以对每个问题和回答进行分析。设计师可以评估对话机器人的回答是否准确、清晰，并且与先前的问题和回答保持一致。设计师还可以检查对话机器人的回答是否能够解决所提问题，并满足自己的期望。此外，设计师还可以评估设计方案的整体逻辑是否连贯，是否存在明显矛盾或不一致的情况。

④ 对设计方案可行性的评估，设计师可以从用户体验和功能实现的角度进行分析。设计师可以考察对话机器人生成的设计方案是否易于理解、操作和使用，是否能够满足用户的实际需求。设计师还可以评估设计方案中提到的各项功能是否可行，并检查是否存在技术上的限制或难以解决的问题。

通过对话框评估，设计师能够在与对话机器人合作的过程中，确保设计方案的一致性和综合性，并对其合理性和可行性进行评估。这种评估方法有助于设计师全面了解对话机器人生成的设计方案，并发现潜在的问题和改进的机会，进一步提高与对话机器人的设计合作质量和效果。

对话框评估通过确保设计方案在一个对话框内生成，可以促进连贯和一致的对话交流。这种评估方法能够帮助设计师更好地与对话机器人沟通和探索设计方案的各个方面，并从对话机器人的回答中获得更准确的反馈和建议。

对话框评估的局限在于其形式可能限制设计师的提问和对话机器人的回答。由于对话框的限制，设计师可能无法灵活地表达复杂的问题，对话机器人无法提供全面和详细的回答。

（3）比较评估。

比较评估是将一个对话机器人生成的设计方案提供给多个对话机器人，询问设计方案的合理性和可行性，以确保评估的全面性。通过将设计方案提交给不同的对话机器人，设计师可以获取多种观点和回答，从而得到更全面的评估结果。

在比较评估中，设计师可以采用相似的问题和设计方案，向不同的对话机器人提问，并分析对方的回答。设计师可以通过以下几个方面对设计方案进行评估。

① 回答的一致性。

设计师可以比较不同对话机器人对相同问题的回答。如果不同对话机器人的回答存在一致性，就可以使设计师增强对设计方案的信心。

② 观点的差异。

设计师可以比较不同对话机器人在设计方案合理性和可行性上的观点差异。不同对话机器人可能提供不同的解释和建议，可以帮助设计师从多个角度思考和评估设计方案的优劣。

③ 回答的详尽程度。

设计师可以评估不同对话机器人对设计方案的回答是否详尽和完整。有些对话机器人可以提供详细的解释和说明，有些可能给出更简洁的回答。设计师可以根据自身的需求和偏好，选择更符合评估需求的回答。

④ 建议和改进空间。

设计师可以分析不同对话机器人对设计方案提出的建议和改进空间。通过比较不同对话机器人的回答，设计师可以获得更多关于设计方案改进的灵感和建议，进一步提升设计质量和用户体验。

通过比较评估，设计师可以借助多个对话机器人的力量，获取不同的视角和观点，从而全面评估设计方案的合理性和可行性。这种方法可以帮助设计师更全面地了解设计方案的优点与缺点，并为进一步改进和优化设计提供有价值的参考。

比较评估可以将某个对话机器人生成的设计方案与其他对话机器人生成的设计方案进行对比。通过这种方式，设计师可以获得多个语言模型的观点和评估结果，从而得到对设计方案更全面和综合的评估结果。比较评估还可以揭示不同设计方案之间的差异和优势，帮助设计师更好地进行选择。

比较评估的限制在于其结果的主观性和可变性。不同对话机器人可能对同一设计方案给出不同的评估结果，导致设计师面临选择和判断的困难。此外，比较评估可能需要耗费更多的时间和资源，以确保对设计方案进行全面的评估。

（4）竞争产品评估。

在对话机器人评估中，竞争产品评估是一种有价值的方法，可以让对话机器人将产品与当下同类型产品进行比较，分析它们的共同点和差异，并提出改进的方法。这种评估可以帮助设计师深入了解对话机器人生成的产品与市场上已有产品之间的竞争优势和不足之处，并为改进和优化对话机器人生成的产品提供指导。

竞争产品评估框架如图 4-30 所示。

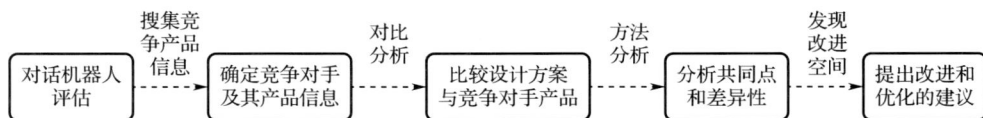

图 4-30　竞争产品评估框架

① 确定竞争产品。

选择与对话机器人生成的产品相同类型的优秀竞争产品进行比较。这些竞争产品可以是来自同一行业或领域的其他品牌或厂商的产品。选择的竞争产品应该具有代表性，并且在市场上有一定的知名度和销量。

② 定义评估指标。

明确竞争产品评估的指标和标准，以便进行客观和全面的比较。评估指标可以包括产品的功能特点、设计风格、性能参数、用户体验、市场反馈等方面。

③ 进行对比。

将设计师使用对话机器人生成的产品和竞争产品进行实际使用和比较。可以邀请一些用户或专家使用这些产品，搜集他们的体验反馈和意见。同时，也可以参考市场调研数据、用户评估和专业评测等资料。

④ 分析共同点和差异性。

根据对比结果，分析对话机器人生成的产品与竞争产品之间的共同点和差异。比较产品的外观设计、功能特点、性能表现、用户体验等方面的异同，并深入探讨其原因和影响。

⑤ 提出改善方法。

基于对比分析的结果，提出改善对话机器人生成的产品的方法和建议。针对竞争产品的优点和用户需求，提出相应的改进方案，包括设计创新、功能增强、用户体验优化等方面的改善措施。

通过竞争产品评估，设计师可以更全面地了解对话机器人生成的产品在市场上的竞争力和潜在的改进空间。同时，竞争产品的优点和成功经验可以为对话机器人生成的产品的改进提供有价值的参考和启示。这样可以确保对话机器人生成的产品在同类产品中具有更强的竞争力，并更好地满足用户的需求和期望。

竞争产品评估将设计师通过对话机器人生成的设计方案与当下市场上的同类产品进行对比。这种评估方法可以帮助设计师了解设计方案在市场上的竞争力，发现设计方案的独特之处和改进空间。通过竞争产品评估，设计师可以从现有产品中借鉴经验，优化设计方案。

竞争产品评估的局限在于，其结果可能受限于市场已有产品的范围和质量。市场上的产品可能不完全满足用户的需求，或者存在设计缺陷和问题。此外，竞争产品评估需要进行较多的调研和分析工作，以获取有关竞争产品的详尽信息和评估指标。

（5）角色扮演评估。

角色扮演评估是一种综合应用定义评估、对话框评估、比较评估和竞争产品评估等评估方法的方法。在这种评估方法中，用户在提问的过程中附加一段文字，请求对话机器人在回答时以一名经验丰富的优秀设计师的角色进行评估，如图 4-31 所示。

图 4-31　角色扮演评估

① 在定义评估中，设计师可以要求对话机器人以设计师身份评估生成的设计方案的好坏。设计师可以提问类似以下的问题：

"请扮演一名经验丰富的优秀设计师，评估一下这个设计方案的可行性和合理性。你认为哪些方面可以改进？你会推荐这个设计方案吗？为什么？"

② 在对话框评估中，设计师可以通过附加扮演设计师的文字要求，引导对话机器人以设计师的角色来回答问题和提供反馈。设计师可以针对设计方案的特定细节或决策，询问对话机器人的意见和建议。

例如："作为一名经验丰富的设计师，你对这个设计方案中使用的材料有何看法？你认为这个设计方案在用户体验方面是否合理？有什么改进的建议吗？"

③ 在比较评估和竞争产品评估中，设计师可以要求对话机器人以设计师的身份，将设计方案与当下类型产品进行比较和评估。设计师可以这样提问：

"作为一名经验丰富的设计师，你如何比较这个设计方案和现有市场上的同类产品？你认为这个设计方案有哪些优势和劣势？有什么改进的建议吗？"

通过引入角色扮演评估方法，设计师可以将对话机器人置于设计师角色，期待其给出经验丰富的、符合专业标准的评估和反馈。这种方法可以提供更具深度和专业性的评估结果，使设计师能够更好了解和评估设计方案的合理性、可行性以及与竞争产品的差异，从而为设计改进和优化提供更有针对性的指导。

角色扮演评估通过要求对话机器人以设计师身份进行评估，可以让对话机器人提供更加专业和深入的评估结果。这种评估方法可以帮助设计师得到经验更加丰富的设计师的观点和反馈，从而更好地了解设计方案的合理性和可行性，为设计改进提供更有针对性的指导。

角色扮演评估可能受限于对话机器人的模拟能力和设计师角色的准确性。对话机器人可能无法完全模拟设计师的思维和专业知识。此外，设计师可能受限于自身的专业知识和经验，无法提出深入的和具体的问题或者评估标准。

以上介绍了五种对话机器人辅助的评估方法，即定义评估、对话框评估、比较评估、竞争产品评估和角色扮演评估。这些评估方法相互补充和交叉应用，可在不同应用场景中提供全面的设计评估结果。设计师选择合适的评估方法或组合使用多种方法，有助于提升对话机器人生成的产品质量和用户满意度。通过采取有效的评估方法，设计师能够确保设计方案的合理性、可行性和竞争力，从而实现更优秀的产品创新设计。

2. 用户评估

用户评估在这个阶段主要指两个层面，第一个层面是指使用人工智能生成设计方案的用户（设计师）对人工智能给出的回答与呈现的效果进行评估，第二个层面是指选取部分人群对人工智能生成的设计方案进行模拟体验与感受，获得用户评估，如图 4-32 所示。

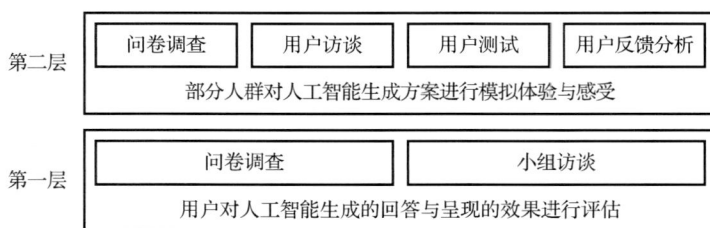

图 4-32　用户评估的两个层面

第一个层面采用问卷调查和小组访谈的方式进行。通过问卷调查，筛选出对对话机器人的作用评估分数较高的两组人与评估分数较低的两组人，比较他们的评估差异。问卷调查的结果可以帮助设计师了解用户对对话机器人生成的设计方案的整体印象、满意度和意见。然后，通过小组访谈，深入和使用人工智能的用户讨论对话机器人生成的设计方案。大部分用户根据自身设计经验，选取对话机器人提供的设计定义点，并从设计效果、设计目的、制作工艺、市场前景等方面进行评估。他们认为人工智能生成的设计方案与效果图，效率高，效果良好。然而，对话机器人有时无法根据用户描述生成所需的产品。部分用户采用先使用人工智能评估设计方案，再从中筛选的方法。这种方法结合对话机器人功能和用户经验，综合评估设计方案的合理性和可行性。

用户评估也可以从实际使用者的角度获取直接反馈和意见。这种评估帮助设计师了解用户对设计方案的需求、期望和评估标准，也就是用户评估的第二个层面。其方法主要有以下四种。

（1）问卷调查。

问卷调查通过设计问卷来搜集用户对设计方案的整体评估和建议。问卷内容包括与设计目标、功能、美观性、易用性等相关的问题，有助于设计师了解用户的满意度和期望。问卷调查可以通过在线平台或以面对面的方式进行，搜集用户对设计方案的整体评估和建议。

（2）用户访谈。

通过个别用户或小组访谈的方式，深入了解用户对设计方案和效果图的看法。用户访谈可以提供更详细的用户反馈和意见，设计师可以针对特定问题进行追问，从而了解用户的需求和感受。访谈过程中的互动交流，可以帮助设计师更好地了解用户的心理和行为特征。

（3）用户测试。

用户测试可以在实验室环境或现实场景中进行，用来评估用户在使用产品过程中的满意度，以及产品的易用性和使用效果。

（4）用户反馈分析。

设计师对用户的反馈进行综合分析，找出其中的共性和差异。设计师可以归纳总结用户的需求、喜好和建议，指导设计方案和效果图的改进。

总之，通过第一个层面的用户评估，能够提升对话机器人的产品生成能力和设计质量，从而提升人工智能的用户使用体验。通过第二个层面的用户评估，可以获得产品使用者对对话机器人生成的设计方案的整体评估和意见。这些反馈和意见可以指导设计师优化对话机器人生成产品设计方案的过程，改进设计方案，提升使用体验与设计效果。

3. 专家评估

专家评估是设计方案评估的重要环节，旨在从设计领域水平较高的专家角度对对话机器人生成的产品设计方案进行评估。下面是专家评估的具体案例。

本案例专家评估的参与者是研究生评委，他们作为没有参与过本科生设计方案的评估者，能够提供更加客观的评估结果。

本次专家评估的过程如下：

首先，研究生评委一同观看本科生设计方案的 PPT 汇报，以直观了解设计方案的整体思路、理念和实现方式。

其次，研究生评委采用赋分制方式评分，将满分设定为 100 分，并将分数幅度控制在 80～95 分的范围内，确保评分的公正性和差异性。

最后，研究生评委对各个设计方案进行平均分排序，选取排名靠前、效果较好的设计方案进行深入讨论和评估。

通过评估，设计师能够从更全面的角度获得对产品设计方案的评估和意见。研究生评委较为广泛的知识和经验使他们能够对设计方案的创意性、技术性、实用性和市场潜力等方面进行全面评估。评估不仅有助于发现设计方案的优点和亮点，还有助于发现其中存在的问题和改进的空间。

专家评估的意义在于通过专家的专业眼光和丰富经验，为设计方案的进一步改进提供指导。此次实验的评委为研究生评委，参与者的经验与能力还有待提升，但能够很好地为参加此次实验的设计者在优化设计时提供许多有价值的建议，帮助其更好地了解设计方案在专业领域的价值和可行性，促使其在创作过程中更加注重细节和完善性。

综上所述，专家评估是设计方案评估中不可或缺的一环。研究生评委的参与和评估，使参加此次实验的设计者能够获得来自设计领域同行的客观意见和建议，为设计方案的改进和优化提供了有力支持，推动了设计的创新和发展。

4.2.2　人工智能改善用户体验的方法

在设计方案与产品效果图评估中，结合用户评估和人工智能评估可以提供全面的、多角度的评估结果。这种综合评估方法充分利用用户的主观反馈和人工智能的分析能力，从而可以进一步评估设计方案的合理性与可行性。

1．用户评估

用户评估是对实际使用对话机器人生成的设计方案的用户进行访谈，获取他们对设计方案的评估和意见。用户根据自身的设计经验和需要，选择对话机器人提供的设计定义点，并从设计效果、设计目的、制作工艺、市场前景等方面进行评估。虽然人工智能生成的设计方案与产品效果图能够提高设计效率和效果，但有时无法完全满足个人的描述要求。一些用户还会通过与对话机器人对话的方式，对设计方案进行评估，从中筛选有用的评估信息。

2．人工智能评估

人工智能利用先进的自然语言处理和机器学习技术，对设计方案和产品效果图进行智能评估和分析。结合前面的章节中提到的评估方法的应用，人工智能可以实现以下评估方式。

（1）定义评估。

通过自然语言处理和语义理解技术，人工智能可以解析设计方案中的概念和要求，并检查其合理性和一致性。

（2）对话框评估。

设计师与对话机器人进行对话，提出问题并获取与设计方案相关的回答，从而评估设计方案的合理性和可行性。

（3）比较评估。

将设计方案提供给多个对话机器人进行比较评估，获取不同对话机器人对设计方案的评估和建议，从而综合评估设计方案的合理性和可行性。

（4）竞争产品评估。

分析竞争对手的设计方案，对比并评估自身设计方案的优势和劣势，评估自身设计方案在市场中的可行性和竞争力。

（5）角色扮演评估。

模拟优秀设计师，利用人工智能评估设计方案的合理性和可行性，获取关于设计效果、目的、制作工艺和市场前景的专业意见。

3．综合使用用户评估与人工智能评估

通过综合使用用户评估和人工智能评估，设计师可以获得全面、准确的评估结果，为设计方案与产品效果图提供有价值的反馈和改进方向。用户评估提供了用户的实际体验和需求，通过了解用户的反馈和意见，设计师可以了解用户的需求、发现问题并做出有针对性的改进。人工智能评估则利用先进的技术和算法，从更加客观的角度对设计方案进行分析和评估，提供多维度的数据和量化指标。

综合考虑用户评估和人工智能评估的结果，设计师可以全面了解设计方案的长处和不足，从而做出明智的决策和改进。用户评估和人工智能评估可以相互补充，共同提供更全面、准确的设计方案与产品效果图评估。将两者结合的方法可以通过以下方式进行。

（1）数据对比分析。

将用户评估和人工智能评估的结果进行对比分析，找出其中的一致性和差异性。通过对比分析，可以发现用户评估和人工智能评估之间的共性和差异，从而获得更准确的评估结论。

（2）综合评估和权衡。

在综合使用用户评估和人工智能评估时，需要进行综合评估和权衡。综合考虑两者的评估结果，权衡不同因素，包括用户体验、技术可行性、创新性等，从而得出最终的评估结论。

（3）迭代和优化。

结合从用户评估和人工智能评估中得到的反馈和建议，可以进行设计迭代和优化。根据用户需求和评估结果，进行相应的调整和改进，从而不断提升设计方案和产品效果图的质量和用户体验。

综合而言，用户评估和人工智能评估的结合为设计方案与产品效果图的评估提供了多角度、全方位的视角。这种综合评估方法不仅能够从用户角度了解用户需求和体验，还能够从人工智能的角度进行数据分析和量化评估。设计师可以通过综合考虑两者的评估结果，全面了解设计方案的长处和不足，并做出相应的改进和优化。

4.2.3 基于数据的用户体验设计和设计评估案例

1. 基于数据的用户体验设计

设计评估在设计过程中扮演着重要角色，而人工智能工具的使用，如对话机器人，为提升用户体验和设计效率提供了新的可能性。下面探讨如何利用对话机器人提供的答案改善设计评估过程中的用户体验。

（1）模型优化。

对对话机器人进行模型优化，提高其响应速度和生成答案的准确性。模型优化包括模型架构调整、参数调优和训练数据优化等方法。

（2）预处理和后处理。

在与对话机器人对话前，对用户的问题和需求进行预处理，确保输入清晰明了。同时，在对话机器人生成答案之后进行后处理，对答案进行澄清、简化或补充，提供更精确和易理解的结果。

（3）反馈机制。

建立用户反馈机制，让用户能够及时反馈对对话机器人生成的答案的满意度和存在的问题。通过搜集用户反馈，不断改进和优化对话机器人的性能和回答质量。

（4）预训练数据选择和扩充。

使用多样化的、具有代表性的设计方案数据集进行对话机器人预训练，提高其生成答案的准确性和相关性。

综上所述，通过优化对话机器人的响应速度、生成准确性和语言表达，同时建立用户反馈机制和使用高质量的预训练数据，可以帮助设计评估阶段的用户（设计师）获得更好的对话机器人使用体验，包括快速回答、精准方案和合理的语言表达。

2. 设计评估案例

下面是部分设计师与人工智能合作设计在方案验证阶段的典型案例，可以为使用人工智能进行设计的设计师提供参考，使设计师能够更好地应用人工智能增强设计能力、提高设计效率，设计出更优秀的作品。

儿童防诱拐产品

问题：假如你是一名幼儿园的儿童，有一款预防诱拐儿童事件发生的产品，产品包括一个手环和一个耳机。手环检测周围环境的声音，如果有类似诱拐话术的声音出现（例如："小朋友，你妈妈让你先跟我走，一会儿她来找我们。"），耳机就会提醒儿童这是一个犯罪分子，不要跟他走。你认为这款产品可以在预防诱拐儿童事件方面起到良好的作用吗？

回答：作为一名幼儿园的儿童，我认为这款手环搭配耳机的产品在预防诱拐儿童方面可以起到一定的作用。以下是对其效果的评估。

1. 提供实时警示

手环通过检测周围环境声音，可以在出现类似诱拐话术声音的情况下立即发出警示。这种警示能够让儿童意识到潜在的危险，并且明确告知他们不要跟陌生人走。

2. 强化防范意识

耳机的警示声音能够直接传达给儿童，增强其对诱拐话术的辨识能力。产品通过不断提醒和重复，能够使儿童建立起对危险情况的警觉性，增强防范意识。

3. 增强自我保护能力

这款产品可以帮助儿童在关键时刻做出正确的决策，即不跟陌生人走。

这样的产品在某种程度上增强了儿童的自我保护能力，使他们能够更好地保护自己。然而，需要注意的是，这款产品仍然是一种辅助工具，而不是绝对有效的防护措施。它可以帮助儿童意识到潜在的危险，但仍然需要家长和教育者对儿童进行监护和指导。家长和教育者在对儿童进行防诱拐教育中起着至关重要的作用，他们需要与儿童进行深入的沟通，进行角色扮演和实践，以提高儿童的防范意识和自我保护能力。此外，产品的设计应该注重舒适性、耐用性和易用性，以确保能够方便儿童佩戴和操作。同时，对产品的准确性和敏感度也需要进行充分的测试和验证，以确保其在真实场景中的可靠性。

【案例分析】该案例主要是角色扮演评估。在该案例中，设计师通过描述产品用户形象，提供产品功能介绍，向对话机器人咨询产品的可行性。

PetVoice（1）

问题：如果你是一名旅行者，有 PetVoice 这款产品，它的实用性有多大？

回答：作为旅行者，如果我拥有 PetVoice 这款产品，我认为它具有很高的实用性。以下是一些理由。

1. 远程关怀

PetVoice 可以通过语音识别了解宠物的需求和情绪，并将其转化为人类可理解的语言。这意味着我可以在旅行期间远程与宠物进行沟通，了解它们的状况，安抚它们的不安情绪，甚至指导宠物照料人员如何更好地照顾宠物。

2. 情感连接

PetVoice 的语音识别功能可以让我与宠物建立更紧密的情感连接。我可以通过与宠物交流，表达我的关心和爱意，让宠物感受到我的存在和关注，减少与我分离期间的孤独感。

3. 健康监测

该产品还可以通过语音识别分析宠物的声音模式，检测潜在的健康问题。如果宠物发出异常的声音，PetVoice 可以提供警示并发送通知，让我及时采取行动，保障宠物的健康和安全。

4. 紧急响应

如果有紧急情况发生，如火灾、盗贼入侵等，PetVoice 可以通过声音识别和联网功能自动触发警报并向我发送通知。这样我就可以立即采取必要的行动，保护宠物和家庭的安全。

5. 数据记录与分析

PetVoice 可以记录和分析宠物的声音数据，以便追踪宠物的行为和情绪变化。这些数据可以帮助我了解宠物的偏好、习惯和健康状况，为其提供更好的照顾和管理。

综上所述，作为一名旅行者，PetVoice 这款产品可以帮助我远程关怀和照顾宠物，让我与宠物建立情感连接，监测宠物健康状况，并在紧急情况下快速响应。这样我就可以更放心地旅行，知道宠物在我离开时得到了适当的关注和照料。因此，我认为 PetVoice 具有很高的实用性。

【案例分析】该方法为角色扮演评估与对话框评估结合的评估方法，设计师为对话机器人提供让其扮演的角色，并在同一个对话框内进行咨询。但是，这个角色定位过于简单，所以对话机器人给出的回答较为宽泛，缺乏精准性。

案 例 三

PetVoice（2）

问题：如果你是产品设计师，你会对这个设计打几分？

回答：作为产品设计师，我会给 PetVoice 这个设计打 8 分（满分 10 分）。以下是我给出高评分的原因。

1. 创新性

PetVoice 的概念和功能非常创新，结合了语音识别技术和宠物护理需求。这种创新设计能够提供新颖的用户体验，满足旅行者对宠物关怀的需求。

2. 实用性

产品设计考虑了旅行者对宠物的关注和照顾需求，通过语音识别和远程控制，实现了对宠物的远程关怀和健康监测。这种实用性设计使旅行者能够在离家期间更好地关注和照顾自己的宠物。

3. 用户体验

PetVoice 的设计注重与宠物和用户建立情感连接，通过语音识别和全息投影等技术，创造出互动式、沉浸式的用户体验。这样的设计可以增强用户与宠物之间的联系，提升用户的满意度和使用体验。

4. 可持续性

产品设计考虑了动能融合和环境感知照明等可持续性特点，为降低能源消耗和碳排放对环境的影响做出了一定的贡献。这种可持续性设计能够吸引越来越多的注重环境保护的用户。

5. 外观设计

产品外观采用抽象有机形状和自适应变色材质，呈现出现代感和高科技感。这样的外观设计符合当前的时尚和审美趋势，能够增强产品的吸引力。

虽然这个设计有很多创新和实用的特点，但仍然有一些潜在的改进空间。例如，产品的可靠性和稳定性需要进一步提升，确保语音识别和全息投影等关键功能的稳定性和准确性。另外，产品的成本和价格也需要合理考虑，确保产品在市场上具有竞争力。

【案例分析】 在设计评估中，三名设计师都尝试让对话机器人给产品打分，给出的回答均为 8 分。由此可见，对话机器人的语言模型较为委婉，褒义的词汇远远多于贬义的词汇，在进行设计评估交流时，给出的回答往往局限在好的一面，对不足之处需要单独提问，如"请您说一下这个产品存在的问题"。

案 例 四

PetVoice（3）

问题：这个产品还有什么问题吗？

回答：尽管 PetVoice 的设计有许多优点，但仍然有一些潜在的问题需要考虑。

1. 技术可行性

语音识别和全息投影等高级功能需要复杂的技术支持。产品设计团队需要确保这些技术在实际应用中的可行性和稳定性，从而提供可靠的用户体验。

2. 隐私和安全性

PetVoice 需要与用户的宠物进行语音交互，个人数据和声音信息的隐私和安全性成为重要问题。产品设计团队需要采取必要的安全措施，确保用户数据的保密性和防止未经授权的访问。

3. 用户接受度

虽然很多宠物主人渴望与宠物保持联系，但并不是每个人都对高科技产品抱有同样的兴趣和接受度。产品设计团队需要确保 PetVoice 的设计和功能能够吸引广大的用户群体，并与他们的需求和期望相匹配。

4. 宠物适应性

不同宠物可能对语音识别和全息投影等新技术有不同的适应能力。产品设计团队需要在设计和测试阶段考虑不同宠物品种和个体的特点，确保产品对各种宠物的适用性和有效性。

5. 产品成本

高级技术和创新功能往往伴随着较高的开发和制造成本。产品设计团队需要在保持功能和质量的前提下，寻找平衡点，确保产品的成本合理，并能够满足市场的需求。

这些问题需要在产品设计和开发过程中认真考虑和解决，以确保 PetVoice 能够成功满足用户需求并获得市场认可。

【案例分析】 对话机器人给出的回答较为全面，虽然是回答问题，但仍然采用了委婉的语气进行说明，不足的是，没有给出详细的解决方案。针对这种情况，可以采用相关话术进行深入咨询，如"请详细说明第二个问题，并提供科学合理的解决方案"。

案 例 五

儿童智能故事机

问题 1：如果你是一名儿童的家长，现在有一款针对儿童的智能故事机产品，可以运用人工智能学习技术。该产品包括以下功能。

（1）可以通过人工智能学习技术针对儿童进行个性化教育。

（2）可以进行语音交流控制。

（3）可以通过投影功能为儿童播放故事画面。

请你扮演家长这一角色，与我进行交流。

回答1：好的，作为一名家长，我对这款针对儿童的智能故事机产品非常感兴趣，以下是我对该产品的一些问题和想法。

（1）该产品是否有年龄段限制？是否适合不同年龄段的儿童使用？

（2）该产品能否与其他智能设备（如手机、电视等）进行连接，以便家长更好地控制和管理？

（3）该产品的语音交互控制是否安全可靠，能否防止儿童误触或误操作？

（4）该产品的故事内容和学习资源是否丰富，能否满足儿童的学习和娱乐需求？

（5）该产品的投影是否清晰、生动，能否提供良好的视觉效果？

（6）该产品的人工智能学习技术是否能够真正实现个性化学习，能否根据儿童的兴趣爱好和学习需求提供相应的内容？

（7）该产品的外观设计是否符合儿童的审美和喜好，能否吸引他们的注意？

（8）该产品使用是否方便，是否需要家长进行专业操作和设置？

以上是我对该产品的一些想法和疑虑，希望能够得到更多有关该产品的信息，以便做出更好的决策。

问题2：关于第一点，该产品有年龄段限制，用户涵盖4～12岁儿童，你对此怎么看？

回答2：我认为该产品针对4～12岁儿童是非常合适的。这个年龄段的儿童正处于身体和心理发育的关键期，他们需要接受丰富多彩的、有趣的、富有启发性的故事和学习资源，从而帮助他们发展自己的认知、语言、社交和情感能力。

同时，4～12岁儿童的认知水平和学习需求也有很大的差异，只有针对不同年龄段的儿童提供不同的故事和学习资源，才能够更好地满足他们的需求。

因此，我认为该产品的年龄段限制是合理的，能够为4～12岁儿童提供丰富、有趣、个性化的故事和学习资源，促进他们的发展和成长。

问题3：关于第二点，该产品能够与其他智能设备（如手机、电视等）进行连接，以便家长更好地控制和管理，请问你有什么建议？

回答3：如果该产品能够与其他智能设备（如手机、电视等）进行连接，那么家长可以更方便地控制和管理该产品，提高产品的使用便捷性和用户体验。以下是我对此的一些建议。

（1）建议该产品支持多种连接方式，如Wi-Fi、蓝牙等，以满足不同用户的需求。

（2）建议该产品提供简单易用的连接和控制方法，并提供详细的使用说明，以便家长能够快速上手。

（3）建议该产品提供安全保障措施，如密码、指纹识别等，以保障用户的隐私和安全。

（4）建议该产品能够与其他智能设备（如手机、电视等）实现数据同步，以便家长能够更好地了解儿童的学习和娱乐情况。

（5）建议该产品提供远程控制功能，让家长能够随时随地进行控制和管理，更好地保护儿童的安全。

总之，我认为，该产品能够与其他智能设备进行连接，可以提高产品的使用便捷性和用户体验，同时需要注意安全保障措施，保障用户的隐私和安全。

问题4：关于第三点，该产品的语音交互控制有儿童安全锁设置，可以对不同年龄段的儿童设置不同形式的安全锁。对于安全锁的设置形式，你有什么建议？

回答4：我认为该产品设置儿童安全锁非常重要，可以有效地防止儿童误触或误操作，保障他们的安全和健康。以下是我对此的一些建议。

（1）针对不同年龄段的儿童，建议设置不同形式的安全锁。例如，对较小的儿童，可以设置图形密码或声音密码等；对较大的儿童，可以设置数字密码或指纹识别等。

（2）建议安全锁的形式设置简单易用，避免过于复杂和繁琐，以免影响用户体验。

（3）建议安全锁的设计能够避免被儿童猜测或破解，能够有效保护儿童的安全。

（4）建议该产品提供多种语音交互控制方式，如手动控制、语音识别等，以满足不同用户的需求。

总之，我认为该产品的儿童安全锁设计非常重要，需要根据不同年龄段的儿童设置不同形式的安全锁，并提供简单易用、安全可靠的语音交互控制方式，保障儿童的安全和健康。

问题5：关于第四点，该产品的故事内容和学习资源可以通过以下两种形式进行。

（1）通过插故事卡讲故事，类似磁带形式。

（2）通过家长手机互联App进行选择。

你对此有什么建议？

回答5：我认为该产品提供两种形式的故事内容和学习资源非常好，可以满足不同用户的需求，以下是我对此的一些建议。

（1）针对插故事卡讲故事的形式。

① 建议该产品提供多种不同的故事卡，以满足不同儿童的需求。

② 建议故事卡的内容丰富、有趣、富有启发性，能够促进儿童的思维和想象力发展。

（2）针对通过家长手机互联App进行选择的形式。

① 建议该产品提供丰富多样的故事和学习资源，并根据不同儿童的兴趣和需求，提供个性化的推荐和选择。

② 建议该产品提供简单易用的App界面和操作方法，以方便家长管理和控制。

③ 建议该产品的故事内容和学习资源能够结合儿童的年龄、性别、爱好等因素，进行个性化推荐和选择，以提高产品的用户体验和满意度。

总之，我认为该产品提供两种形式的故事内容和学习资源非常好，需要提供丰富多样、有趣、富有启发性的内容，并根据不同儿童的兴趣和需求，提供个性化的推荐和选择。

问题6：关于第五点，"该产品的投影是否清晰、生动，能否提供良好的视觉效果"这一问题，我并没有想得太深，你能提供一些可行的建议吗？

回答6：当提到投影功能时，视觉效果是非常重要的。以下是我对如何提供良好的视觉效果的一些建议。

（1）建议该产品使用高质量的投影设备，以确保投影的清晰度和画面的亮度。

（2）建议该产品提供多种不同的投影模式，如全屏、窗口等，以满足不同用户的需求。

（3）建议该产品提供多种不同的画面设置，如亮度、对比度、色彩等，以提高画面的质量和清晰度。

（4）建议该产品提供多种不同的投影背景，如白色、黑色、灰色等，以适应不同的环境和场景。

（5）建议该产品提供多种不同的投影角度和投影距离，以满足不同用户的需求。

总之，我认为该产品的投影需要提供清晰、生动的视觉效果，需要使用高质量的投影设备，并提供多种不同的投影模式、画面设置、投影背景、投影角度和投影距离，以满足不同用户的需求。

问题7：关于第六点，"该产品的人工智能学习技术是否能够真正实现个性化学习，能否根据儿童的兴趣爱好和学习需求提供相应的内容"这一问题，你可以给一些建议吗？

回答7：关于该产品的人工智能学习技术是否能够真正实现个性化学习，我认为需要从以下几个方面考虑。

（1）数据搜集和处理。

该产品需要搜集和处理儿童的个人信息、兴趣爱好、学习成绩等数据，以便分析和推荐相应的学习内容。在此过程中，需要确保数据的安全性和隐私性。

（2）分析和推荐算法。

该产品需要使用先进的分析和推荐算法，分析搜集的数据，并推荐相应的学习内容。在此过程中，需要确保算法的准确性、可靠性和安全性。

（3）学习内容的丰富性和多样性。

该产品需要提供丰富多样的学习内容，包括启发性故事、科学知识、艺术欣赏等，以满足不同儿童的兴趣爱好和学习需求。

（4）用户反馈和调整。

该产品需要搜集用户反馈，并根据用户反馈进行相应的调整和优化，以提升个性化学习的效果和用户体验。

基于以上考虑，我认为该产品的人工智能学习技术可以实现个性化学习，但需要注意数据处理和算法准确性、学习内容的丰富性和多样性，以及用户反馈和调整等方面。同时，需要注意保护儿童的隐私和安全，确保产品的安全性和教育性。

问题8：关于第七点，"该产品的外观设计是否符合儿童的审美和喜好，能否吸引他们的注意"这一问题，该产品采用了小恐龙卡通造型并加以提炼，你对此怎么看？

回答8：关于该产品的外观设计是否符合儿童的审美和喜好，我认为小恐龙卡通造型是一种非常好的选择，因为它可以吸引儿童的注意，符合儿童的审美和喜好。

小恐龙卡通造型可以让儿童感到亲切和友好，同时可以给儿童带来乐趣和惊喜。这种造型可以通过对色彩、线条、形状等设计元素的运用，让产品的外观更加生动、有趣，富有活力。在外观设计方面，除卡通造型之外，还可以考虑其他设计元素，如形状、材质、颜色等，以满足不同儿童的审美喜好。

总之，我认为小恐龙卡通造型是一种非常好的选择，可以吸引儿童的注意，符合儿童的审美喜好。当然，外观设计需要考虑多方面因素，以满足不同儿童的需求。

问题9：关于第八点，"该产品使用是否方便，是否需要家长进行专业操作和设置"这一问题，你有什么建议？

回答9：关于该产品使用是否方便，我认为需要考虑以下几个方面。

（1）设计简洁易用的界面。

该产品需要提供简洁易用的界面，使儿童和家长能够方便地进行操作和设置，不需要进行专业的操作和设置。界面设计需要符合儿童的认知和操作习惯，同时需要考虑家长的使用体验和需求。

（2）提供详细的使用说明。

该产品需要提供详细的使用说明，包括产品的基本功能、使用方法、注意事项等，以便儿童和家长能够快速上手和正确使用产品。

（3）提供支持和服务。

该产品需要提供及时的支持和服务，包括在线客服、电话咨询、用户社区等，以解决用户在使用过程中遇到的问题和困难。

（4）确保产品的稳定性和安全性。

该产品需要具有稳定性和安全性，避免出现故障和安全隐患，同时需要建立完善的数据保护和隐私保护机制，保障用户的权益。

总之，我认为该产品的使用需要方便简洁，不需要家长进行专业操作和设置；需要提供详细的使用说明、支持和服务，确保产品的稳定性和安全性。

问题10：好的，谢谢你，我们交流了这么多，请你为这个产品做个总结。还有最后一个问题：你是否会购买这款产品？

回答10：总体来说，这是一款面向儿童的智能学习产品，具有以下特点。

（1）提供多种学习内容，如启发性故事、科学知识、艺术欣赏等，可以满足儿童的不同学习需求。

（2）采用小恐龙卡通造型并加以提炼，吸引儿童的注意，符合儿童的审美喜好。

（3）借助人工智能学习技术实现个性化学习，根据儿童的兴趣爱好和学习需求提供相应的内容。

（4）提供多种交互方式，如语音识别、手势识别等，方便儿童进行操作和学习。

（5）具有投影功能，可以将学习内容投影到墙上或屏幕上，方便儿童观看和学习。

（6）具有安全性和教育性，保护儿童的隐私和安全，同时提供有教育性的学习内容，有助于儿童成长和发展。

如果我有孩子，我就会考虑购买这款产品。该产品可以提供多种学习内容，供儿童进行个性化学习，同时具有安全性和教育性，符合我对儿童智能学习产品的期望和要求。

【案例分析】该案例采用连续提问的方式对设计方案进行验证，使设计方案验证过程更具有连贯性。对话机器人提供的内容广泛，虽然增加了设计师筛选可用内容的时间，但在一定程度上为设计师提供了更多的想法，有利于设计师激发出更多的创意。

思考题

1. 人工智能在产品设计优化方面面临的挑战有哪些？这对设计师来说有哪些挑战？

2. 在产品设计过程中，设计师如何通过自然语言处理交互和图像识别交互，与人工智能进行有效的沟通和交流，以更好地表达设计意图和要求？

实践题

1. 以"智能家居产品"为题向人工智能描述其功能和用户需求，利用人工智能分析这些描述并提供相应的设计建议或改进方案。

2. 人工智能图像转3D模型与快速渲染。将由人工智能生成的概念草图转化为可展示的3D模型，并实现材质与场景的渲染。

（1）人工智能草图生成。

用人工智能输入手绘产品的两个基础线稿，生成带材质和光影的3D风格效果图。

（2）建模与渲染。

① 使用人工智能辅助建模工具，上传最佳人工智能产品效果图，自动生成基础 3D 网格模型。

② 用人工智能渲染插件快速输出三张不同角度的高清渲染图。

（3）输出。

提交人工智能生成的产品效果图、3D 模型文件、渲染图、建模难点记录。

第 **5** 章
人工智能在工业设计领域面临的挑战与发展

　　数字技术更新迭代，不断发展，人工智能在算法、算力（计算能力）和算料（数据）等方面取得重要突破，正处于从"不能用"到"可以用"的技术拐点，但距离"很好用"还有很长的距离。面对设计瓶颈,设计师的思维模式具有更重要的作用。人工智能与工业设计结合，主要表现为利用人工智能将工程设计所要应用的专业知识与设计的目标、要求、灵感和具体创新的方式联系到一起，搜集相应的用户特点，分析市场群体，将二者融合，进而形成设计方案。人工智能在设计领域的应用主要表现为生成式设计与辅助设计。

　　生成式设计人工智能是利用人工智能算法和机器学习技术来自动生成文本、图像、音频、视频、代码等的设计技术。该技术可以自动生成多种不同的设计选项，根据预定的要求和限制来评估每个选项的效果，最终选择最优解。生成式设计人工智能可以大大加快设计过程，生成人类难以想象的新颖设计方案。

　　人工智能辅助设计表现为人工智能帮助设计师在各个设计阶段加速和优化设计流程。例如：人工智能可以根据设计师的提示语和要求，生成多幅设计概念图或意向图，供设计师参考；人工智能可以分析大量的社交媒体数据，对未来的设计趋势进行预测；人工智能还可以通过虚拟现实技术对产品未来的使用场景进行虚拟展示，从而使设计师可以根据场景和任务的需求进行产品概念的选择与调整。

5.1 人工智能与设计师的合作

人工智能是模仿人类思维模式和行为习惯数据而产生的算法，利用多种方法贯彻创新理念，人工智能目前已经广泛用于许多领域。随着人工智能理论的成熟与大模型算法的发展，人工智能最终必然会成为很有前途的生成工具，为人们的生活与工作增加便利。工业设计师应该放眼未来，主动学习人工智能生成设计，创造更加符合未来需求的作品。人工智能生成设计能够帮助设计师摆脱思维定式，利用人工智能模仿人类思维产生的设计灵感，为社会创造出具有更多用途的工业产品。人工智能生成设计不仅可以提升设计品质，还能够提供人类未曾探索的具有新颖性和独特性的设计想法。人工智能通过学习人类的设计方法和风格，能够帮助设计师实现更高水平的设计。人工智能与设计师合作可以使设计成果更加多元化，满足不同的客户需求。

人工智能在设计初期可以帮助设计师分析大量的市场数据和用户反馈，为设计师节省设计初期的调研时间，了解用户需求和行为模式，精准定位用户痛点，为设计师提供可靠的数据和背景，帮助设计师更好地把握用户的喜好和需求。在设计中期，人工智能可以为设计师提供大量的设计样式、图案和构图，为设计师提供创意和灵感。设计师可以通过人工智能生成的设计元素，加快创意过程，并在此基础上进行进一步的创造和改进。在设计后期产品落地阶段，人工智能可以与3D打印、机器人等智能制造技术结合。例如，宝马公司在 BMW VISION NEXT 100 概念车中通过智能设计算法开发汽车动态功能性外表皮和内饰，并采用 4D 打印方式进行制造，实现了超高性能。而用智能算法辅助设计，不仅能够批量处理所有单元，并引入变化，还可以实现动态模拟，实现更加灵活和高效的生产过程，为设计师提供更多的材料和生产选择，推动创新产品设计和制造。设计活动一定有可以自动化的部分，但自动化设计算法有较强的针对性，没有普遍适用的人工智能算法可以解决所有设计问题。同时，艺术家借助人工智能生成艺术作品也成为划时代的浪潮，其中包括人工智能自主生成的作品和人机合作创作的作品，这些作品目前已经涵盖绘画、音乐、诗歌、电影、舞蹈、雕塑等领域。一些艺术家和设计师开始探索将人工智能算法和生成模型用于创作过程，创造出跨时代的独特艺术形象。

5.1.1 人工智能与设计师的合作模式

人工智能生成内容是由机器撰写文本、生成图片、制作视频等内容。由专业设计师参与的人工智能生成内容，其优点是生成内容质量高，但生产周期长，难以满足产量需求。由用户参与的人工智能生成内容，其优点是可以降低设计门槛和成本，提高用户参与的热情。人工智能生成内容将成为内容生成的主要模式，利用专业知识提高生成内容的质量，也节约了时间。

1. 数据驱动设计

在设计中，很多搜集和分析数据的工作可以由人工智能完成，但这并不意味着在设计中需要的分析专家更少。相反，同样数量的分析师能够对用户与产品或服务的交互进行更精细（更深入）的分析。同时，设计师可以利用人工智能分析大量的用户数据和市场趋势，了解用户的需求和喜好。人工智能可以帮助设计师进行数据挖掘和预测，从而指导设计决策和创意方向。

2．创意辅助和灵感生成

传统设计建模方式是设计师一边想一边画，耗费大量时间，如果设计师想象不出来就不可能画出来。设计师通常做出三个备选方案，能够做出 10 个设计方案就是非常杰出的顶级设计师了。面向应用问题的人工智能自动设计出的方案数量远超人类设计师。人工智能可以为设计师提供设计方案，包括自动化设计生成、图像识别和关联分析等。设计师可以利用人工智能工具快速生成设计概念。例如，Midjourney 在智能生成内容的同时给设计师提供了更为宽广的设计思路，加快了设计迭代的过程。

3．优化和自动化设计流程

人工智能可以应用在设计流程中的各个环节，如草图生成、原型制作和测试等。它可以提供自动化和智能化的工具和技术，使设计过程更高效、精确，并减少人为错误。人工智能能够帮助设计师可视化和验证设计想法。在早期的设计过程中，设计师需要凭借直觉进行设计，结果可能难以符合客户的要求和设计标准。现在，使用人工智能可以将设计师的理念和想法可视化呈现，并在开始动手前进行验证。这将避免一些不必要的失误，节省大量的时间和资源。

4．用户体验和个性化设计

用户体验更加个性化通常意味着更多的用户相关性，从而产生更好的转换率，人工智能可以分析用户行为和偏好，帮助设计师了解用户需求和体验。基于这些分析，设计师可以提供个性化的产品和服务，提升用户满意度。人工智能可以对设计进行优化和修正，从而提高设计的品质和效率。人工智能的应用，可以使设计工作流程更加顺畅和高效。

5．可视化和虚拟现实

人工智能可以与可视化工具和虚拟现实技术结合，帮助设计师更好地展示设计方案。设计师可以使用人工智能生成逼真的虚拟模型和交互界面，人工智能可以帮助设计师验证和优化设计，以确保设计方案在用户中具有最佳的反馈和可行性。例如，用户界面设计中的 A/B 测试可以利用人工智能来分析和优化设计选择。同时，人工智能也可以模拟产品在实际应用场合遇到的问题，从而提出解决方案，这也是人工智能未来将要创造出的大环境。

总之，人工智能和设计师合作可以开辟新的可能性，促进创新和提高设计质量。这种合作需要设计师具备一定的人工智能知识和使用技能，同时需要人工智能开发人员了解设计原则。随着人工智能的不断发展，设计师和人工智能之间将会有更多令人兴奋的设计和技术合作。与此同时，尽管人工智能在设计领域有许多潜在的应用，但设计师的创造性思维和直觉仍然是不可替代的。设计师与人工智能的合作是一种协同关系，人工智能可以作为设计工具和辅助手段，帮助设计师更好地发挥创意和创新能力，而设计师在设计目标、审美价值和人文关怀等方面提供独特的贡献。

5.1.2　人工智能在工业设计中的应用趋势

展望未来，人工智能在工业设计领域的应用前景非常广阔，可以帮助设计师提升设计效率和创新能力。这将推动工业设计进一步发展，加速产品上市和满足不断变化的市场需求。下面是人工智能在工业设计应用中的一些发展趋势。

1．自动化设计工具的普及

随着人工智能的进一步发展，自动化设计工具将变得更加成熟和普及，预计会出现更多智能化的辅助设计工具，帮助设计师快速创建和优化产品。这些工具将包括生成式设计、参数化设计、虚拟原型和自动化渲染等功能，从而提高设计效率。这些工具可以帮助设计师更快地生成设计方案、优化设计和进行设计验证，可以代替设计师完成复杂的机械化工作，突破设计瓶颈，及时找到突破方向，从而提高设计效率。

2．个性化设计体验的增强

人工智能可以通过分析用户数据和行为模式，为设计师进行更深入的用户调查。人工智能可以帮助设计师更好地了解用户的个体需求和喜好，提供个性化的设计体验。人工智能未来在工业设计领域的应用主要受到用户需求多样性、大数据分析、生成式设计、自动化制造、虚拟试验和用户参与等因素的推动。这将使工业设计更加注重用户个性化需求，为每个用户提供定制化的产品和体验。这对提高用户满意度、品牌忠诚度和产品的市场竞争力非常重要。

3．设计过程中的智能合作

人工智能未来在工业设计领域将强调智能合作，设计师将人工智能视为设计团队的伙伴，而不是替代品。人工智能将与设计师共同工作，为其提供工具、洞见和资源，以提高效率、创造性和设计质量。这种合作将改变设计流程，为工业设计带来更多创新和机会。人工智能可以在设计团队中发挥更重要的作用，帮助设计师进行决策。

4．智能制造与数字化生产结合

智能制造与数字化生产结合将提高工业设计的效率、质量和可持续性。其应用场景包括自动化生产、自适应生产、质量控制、数字孪生、物联网整合、智能供应链、个性化制造、自动化工厂布局、可持续制造、实时监控和预测维护等。

这种结合将使制造业更具有竞争力，同时对工业设计师提出更高的要求，需要其具备跨学科的知识和能力，以更好地在制造过程中发挥人工智能的潜力。总之，人工智能可以与智能制造技术结合，实现数字化设计和生产流程的无缝连接。这将促进更灵活和高效的产品制造的发展，同时提供更多的创新空间和定制化选择。

图 5-1 为人工智能与数字化生产结合示意图。

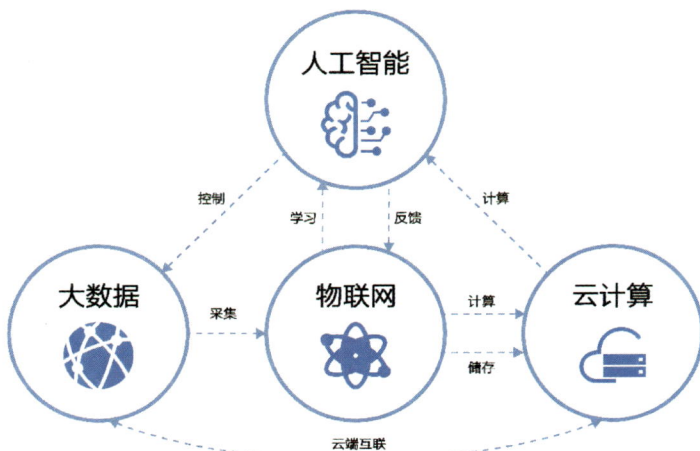

图 5-1　人工智能与数字化生产结合示意图

5. 可持续设计与环境保护

人工智能未来将在可持续设计和环境保护方面发挥越来越重要的作用，这主要受一系列因素的影响，如环保法规、绿色材料和生产工艺、生命周期分析、能源效率、可持续个性化设计、循环经济、智能供应链、生态设计、公众环保意识的提高等。这些因素驱使企业响应这一趋势，使用人工智能改进设计，以满足市场的需求。这将有助于减少资源浪费，降低设计对环境的影响，并推动企业向更可持续的生产方向转变。环保设计将不仅是一种道德责任，还将成为企业竞争力的一部分，而人工智能将是实现这一目标的有力工具。因此，人工智能在可持续设计和环境保护方面的应用也将得到更多关注。人工智能可以帮助设计师在产品设计中考虑环境影响，并提供具有可持续性的解决方案，推动绿色设计和可持续发展。

6. 人工智能与虚拟现实和增强现实的结合

人工智能与虚拟现实和增强现实的结合将深刻改变工业设计，如图 5-2 所示。全沉浸设计体验、实时设计评估、远程团队合作、产品演示和营销、培训和教育、用户体验研究、自动化制造等应用的支持都会极大地改善设计过程。

图 5-2 人工智能与虚拟现实和增强现实的结合

这种结合将帮助设计师更好地模拟和优化设计，加速产品开发周期，提高设计质量，并促进设计师跨地理位置的合作。这对工业设计的未来发展和创新至关重要。虚拟仿真是一种非常重要的人工智能工业设计技术，随着虚拟现实技术的发展，虚拟仿真将会更加真实和智能化。

7. 创新设计领域的探索

人工智能未来将推动创新设计的探索和实践。设计师将更快速、更智能地探索新的设计思路，提高产品竞争力，并满足不断变化的市场需求。这将有助于创造更具有创新性和价值的产品和解决方案。人工智能的应用将拓展到更多创新设计领域，如智能家居、可穿戴设备、智能交通、医疗保健、教育、可持续能源、娱乐与文化、农业、金融服务等领域。人工智能将为设计师提供更多的创新工具和方法，推动这些领域的发展。

总体来说，人工智能在工业设计中的应用趋势是以数据驱动的智能化和自动化为核心，通过分析大量的数据和应用机器学习算法，提高产品设计的效率和质量，优化产品制造流程，实现智能化生产。需要注意的是，人工智能虽然在工业设计中有着巨大的潜力，但在应用过程中仍然面临一些挑战，涵盖技术、伦理、法律和社会等多个方面。解决这些挑战需要全球范围内的合作和创新，以确保人工智能能够发挥最大的潜力，同时保持安全性、公平性和可持续性。因此，未来需要加强对这些问题的研究，以确保人工智能在工业设计中的可持续发展和创造力的发挥。

5.2 人工智能与设计伦理

人工智能系统需要大量数据进行训练和学习，其中可能包含个人隐私信息。数据被泄露、滥用或未经授权的访问可能导致个人隐私受到侵犯。人工智能算法的训练数据可能存在偏见，导致系统在决策和推荐过程中不公平，对某些群体或个人区别对待。随着无处不在的人工智能系统的应用和影响，设计也要响应社会与政策要求，确保这些系统以人为本，服务于人类价值和伦理准则。为了能够以积极的方式推动人工智能系统的发展，设计师需要加强自我反思，明确设计并非只是通过人工智能实现功能性目标和解决技术问题，最终的责任是造福人类。这是人类在日常生活中普遍使用这些系统的前提。

人工智能的广泛应用可能对就业市场产生影响，某些岗位可能被自动化工具取代，带来就业困境。此外，人工智能也可能改变社会结构和生态，对社会造成深远影响。人工智能的发展给设计带来了许多机遇，但同时带来了对人类价值观和道德标准的挑战。例如，在自动驾驶汽车中，自动驾驶系统需要做出道德决策，如在遇到危险情况时如何行动。

5.2.1 隐私问题

人工智能需要大量数据进行训练和学习，这意味着人工智能系统可能涉及很多个人数据，如人脸识别、位置数据等。所以，设计师在设计人工智能系统时必须确保用户隐私得到充分的保护，要遵守相关的法规。国家需要制定相关的法律法规来规范这些行为。同时，人工智能系统还要采取数据匿名和加密技术，以确保个人身份的安全。

另外，人工智能系统要为用户提供可控的数据共享选项，让用户能够选择是否分享自己的数据，这样用户就能够主动掌握自己的权利。

5.2.2 不公平和偏见

人工智能系统通常是通过学习大量数据来进行决策的，如果这些数据存在偏见，那么人工智能系统也会带有偏见，导致其在决策和推荐中做出不公平的行为。因此，人工智能系统开发者在设计人工智能系统时需要采取措施来检测和减少偏见，以确保公平性，具体做法包括以下几个方面。

（1）严格审查和监管数据的搜集和使用过程，确保数据的多样性和代表性。这意味着需要确保数据集包含不同背景、种族、性别和其他相关特征的数据，以便人工智能系统能够更好地适应各种情况。

（2）开展公平性评估，以检测和纠正算法中的偏见。通过对算法进行评估，可以找到问题的所在，并采取相应的措施来解决这些问题。此外，人工智能应用设计也应该考虑特殊人群的需求，提供个性化的服务。

（3）促进团队和参与者多样化也是非常重要的。鼓励具有不同背景和观点的人参与人工智能系统的开发，避免单一视角和偏见的存在。同时，大胆让用户参与其中，听取他们的意见和建议，以确保人工智能系统的决策是公正和包容的。

总之，要解决人工智能系统中存在的偏见问题，需要从多个方面入手，包括审查和监管训练数据、开展公平性评估、促进团队和参与者多样化以及让用户参与其中。只有这样，才能建立公正、包容且无偏见的人工智能系统。

5.2.3　就业和社会影响

就业和社会影响是人工智能设计伦理的关键考虑因素，因为人工智能的广泛应用将直接或间接影响社会和个体。人工智能设计伦理需要平衡技术进步和可能带来的负面影响，确保人工智能的发展是符合道德和社会价值观的。人工智能的广泛应用可能对就业市场和社会结构产生重大影响。

基于上述影响，政府需要加强监管，确保人工智能的应用符合社会公平和公正原则；提供职业转型和技能培训计划，帮助受到影响的人适应人工智能时代的到来；同时，鼓励创新和创业精神，推动就业机会和经济的增长。

5.2.4　责任和透明度

人工智能系统的责任归属是一个复杂的问题，需要明确责任分配和法律责任，具体包括以下几个方面。

（1）强调算法的透明度和可解释性。

人工智能系统开发者在设计人工智能系统时，要确保决策过程可以被了解和追溯。这意味着开发者需要使用易于理解和解释的算法，并提供相关的文档和解释，以便用户能够了解人工智能系统的决策依据。

（2）设立监管机构或独立审查机构。

政府建立专门的机构或委员会来审查和验证人工智能系统的决策过程和结果。这些机构可以负责监督和评估人工智能系统的性能、安全性和合规性，确保其符合法律和伦理要求。

（3）加强伦理准则和道德标准的制定。

政府制定明确的伦理准则和道德标准，以确保人工智能系统的行为符合社会价值观和道德要求。

（4）建立合适的法律框架。

国家建立合适的法律框架，以促进人工智能的可持续发展和合法应用，同时保护公众、企业和社会的权益。

人工智能在不断发展，新的伦理问题不断涌现。因此，与人工智能相关的法律需要与时俱进，及时更新，以适应技术和伦理的变化。这可以通过定期审查和修订现有法律来实现。

总体而言，在人工智能发展中，设计师应当充分意识到设计伦理问题，并积极采取措施来解决和规避这些问题，以确保人工智能的发展和应用符合道德、公正和可持续原则。解决人工智能应用中的伦理、隐私等社会问题，需要多方合作，政府、学术界、行业组织和公众共同努力。同时，技术创新和法律法规的不断完善也是确保人工智能能够带来正面影响并解决潜在问题的关键。

5.2.5　适用领域和限制

人工智能的快速发展也带来了其被滥用的风险。有关机构需要思考如何应对潜在的滥用情况，并建立相应的控制和监管机制，以确保人工智能能够被正当和负责任地使用。因此，对于人工智能系统应用的领域和限制，需要有明确的定义。适用领域和限制是设计伦理的重要组成部分，有助于确保人工智能在不同上下文环境中的伦理和法律合规性。在确定伦理原则时，必须考虑特定应用领域的要求和限制，以确保人工智能被合法使用。其关键因素包括以下几个方面。

（1）伦理适用性。

人工智能在不同领域和应用中可能引发不同类型的伦理问题。一种伦理原则或规则在某个领域可能适用，在另一个领域可能不适用。因此，对人工智能来说，需要考虑在特定应用领域的伦理原则。

（2）风险评估。

人工智能带来的风险和潜在危害在不同领域可能有所不同。人工智能在一些领域可能具有更高的风险，如医疗保健领域，因为错误决策可能对患者造成严重后果。对人工智能的适用领域和限制，需要进行风险评估，以确保其具有适当的伦理规则和限制。

（3）社会和文化背景。

不同的社会和文化背景可能对伦理原则有不同的看法。人工智能设计伦理需要考虑不同地区和文化的伦理差异，并确保尊重多样性。

（4）技术可行性。

某些人工智能应用可能在技术上不可行，或者在当前技术水平下不够成熟。因此，人工智能设计伦理需要考虑技术的可行性，以避免提出不切实际的伦理要求。

（5）法律法规。

不同的国家和地区可能有不同的法律法规，涉及人工智能的合法性和限制。人工智能设计伦理需要符合当地法律法规，以确保其具有合法性。

5.2.6　道德冲突

人工智能可能涉及道德冲突，如伦理决策、决策权责、道德优先级、文化差异、公平和正义、伦理审查等，如自动驾驶汽车在紧急情况下的道德决策。人工智能系统开发者设计人工智能系统时，需要明确处理这些冲突的原则和规则。人工智能设计伦理需要考虑道德冲突，因为人工智能的发展和应用可能涉及伦理决策、责任分配和不同道德原则之间的权衡，解决这些冲突需要建立明确的伦理框架和原则。

5.2.7 用户教育

用户需要了解人工智能系统的功能、局限性和潜在风险。人工智能系统开发者在设计人工智能系统时，应同时考虑提供用户教育和培训服务，具体包括以下几个方面。

（1）理解和透明度。

人工智能系统通常难以解释其决策过程，这就使用户难以理解为什么其做出了特定建议或决策。用户教育可以帮助用户更好地了解人工智能系统的功能、工作原理和局限性，提高透明度。

（2）正确使用。

用户教育有助于确保用户正确使用人工智能。如果用户不了解如何正确使用人工智能，就可能出现误用或滥用人工智能的情况，导致不良后果。

（3）隐私和安全。

用户教育可以提高用户对隐私和安全问题的意识。用户需要知道如何保护自己的个人信息，以及如何识别和应对潜在的网络威胁。

（4）伦理和法律。

用户教育有助于传达与人工智能相关的伦理和法律原则。用户需要了解什么是合法和道德的使用人工智能系统的方式，以免做出违法行为或产生道德问题。

（5）自主权。

用户教育可以赋予用户更多的自主权，使其能够做出明智的决策。其中包括决定是否使用某种人工智能系统，以及如何配置系统来满足需求。

（6）问题解决。

用户教育有助于用户更好地了解和解决与人工智能相关的问题。用户需要知道如何寻求帮助，以处理技术故障或系统错误。

（7）持续学习。

人工智能不断发展和演进，用户教育还可以鼓励用户持续进行学习，了解最新技术和最佳行业实践。

总之，用户教育在人工智能设计伦理中是关键因素，有助于提高用户认知水平，使用户能够更好地了解和使用人工智能。通过教育，用户可以更好地参与人工智能的发展和应用，同时能够更好地保护自己的权益。

5.3 人工智能在工业设计领域的发展趋势和前景

同济大学设计人工智能实验室的《人工智能与设计的未来——2017 设计与人工智能报告》

试图回答设计本身能不能算法化、数据化的问题。该报告认为人工智能与设计师的关系不是替代，而是共同进化，提出了"脑机比"的概念。作者调查分析了 6 个行业的 1300 位设计师，发现设计师在不同任务中的时间分配比例不同（大部分设计师自认为的设计中的重复性体力劳动低于实际比例），不同任务可被智能化的可能性不同，设计行业整体"脑机比"为 1.55）。换一种说法，设计任务中有 39.21% 的工作可以由人工智能完成。

5.3.1 人工智能应用趋势

人工智能本身是一门综合性的前沿学科和高度交叉的复合型学科，研究范畴广泛而又异常复杂，其发展需要与计算机科学、数学、认知科学、神经科学和社会科学等学科深度融合。随着超分辨率光学成像、光遗传学调控、透明脑、体细胞克隆等技术的突破，脑与认知科学的发展开启了新时代，能够大规模、更精细地解析智力的神经环路基础和机制。随着人工智能的进一步成熟以及政府和产业界投入的日益增长，人工智能应用的云端化将不断加速，全球人工智能产业规模进入高速增长期。

1. 更智能化的应用

人工智能将逐渐用于更多的领域和行业，实现更智能化的应用。例如，在医疗领域，人工智能可以帮助医生进行诊断，做出治疗决策；在交通领域，人工智能可以支持自动驾驶；在客户服务领域，人工智能可以提供更智能化的虚拟助手。

2. 强化学习和自主决策

随着深度学习和强化学习等技术的不断发展，人工智能将具备更强大的学习和决策能力。人工智能可以通过不断与环境交互和学习，逐渐具有自主决策和自主行动的能力。

3. 多模态交互和感知

人工智能将逐渐具备多模态交互和感知能力。除文字和语音交互外，人工智能还可以理解和处理图像、视频、手势等多种输入信息，实现更自然和更丰富的人机交互。

4. 结合云计算和边缘计算

随着云计算和边缘计算技术的不断发展，人工智能将更好地结合云端和边缘设备的计算能力。这将使人工智能更加灵活和高效，能够支持更广泛的应用场景。

5. 经济增长和劳动生产率提升

人工智能的不断发展，将有效推动各国经济增长和劳动生产率提升，对全球 GDP 的增长做出显著贡献。

6. 人工智能的广泛应用

2023 年，麦肯锡公司的研究报告指出，近三分之一的受调查企业在其业务中采用了至少一种人工智能技术，这一比例预计将迅速增长。在医疗保健领域，企业增长咨询公司弗若斯特沙利文的数据表明，人工智能在 2020 年的全球医疗市场规模达到了 7.5 亿美元，预计将持续增长。

7．全球竞争优势

中国、美国和欧洲等地的政府和私营部门都在加大对人工智能的投资，以确保在人工智能领域取得优势。世界知识产权组织的数据显示，中国和美国是人工智能专利申请的领先国家。普华永道的报告预测，到 2030 年，人工智能将为全球经济创造 26.1 万亿美元的新增经济价值。普华永道的数据显示，人工智能的广泛应用将推动美国、英国、德国等国的年均经济增长率翻一番。

8．法律和伦理挑战

随着人工智能的应用扩大，涉及隐私保护、数据安全和伦理问题的法律和监管挑战日益显著。欧洲联盟实施了《通用数据保护条例》（GDPR），以保护个人数据隐私，对人工智能应用产生了显著影响。

9．教育和培训

世界经济论坛的数据表明，人工智能正在快速改变劳动力市场，预计 2030 年前 86% 的企业将因人工智能而转型，这就需要企业和社会投入更多的培训和教育资源。

总体来说，人工智能的发展前景非常广阔，它将在各个领域创造更多的价值和机遇。然而，人工智能也需要与各方共同努力，解决其面临的伦理和社会问题，以确保其健康、可持续性发展。

5.3.2 我国人工智能领域的发展现状

我国人工智能发展呈现稳中向好的总体格局，但在基础研究、技术体系、应用生态等维度仍然面临多重挑战。中国科学院院士谭铁牛在 2023 年世界人工智能大会主旨报告中将我国人工智能发展概括为"高度重视，态势喜人，差距不小，前景看好"，这一判断准确反映了当前行业发展的辩证图景。

在国家战略层面，人工智能已经被确立为科技强国建设的核心抓手。自 2017 年国务院颁布《新一代人工智能发展规划》以来，政策体系持续完善，形成技术攻关、场景落地、伦理治理协同推进的顶层设计。工业和信息化部的数据显示，我国人工智能专项预算持续增长，重点投向类脑智能、量子计算等前沿领域，15 个国家人工智能创新应用先导区通过"基础平台 + 重大工程"模式，在智慧城市、智能制造等领域形成示范效应。

我国已经成为全球人工智能投资和融资规模最大的国家，我国企业在人脸识别、语音识别、安防监控、智能音箱、智能家居等人工智能应用领域处于国际前列。此外，我国涌现出许多在人工智能领域领先的企业，如阿里巴巴、腾讯、百度、华为等，它们在人脸识别、自然语言处理、智能交通等领域取得了显著成就，并在国际市场上具备竞争力。总体来说，我国人工智能领域的创新创业、教育科研活动非常活跃。

但是，在亮眼成绩的背后，我国在人工智能产业链关键环节的短板仍然需要正视。目前，我国在人工智能前沿理论创新方面总体处于"跟跑"地位，大部分创新偏重技术应用，在基础研究、原创成果、顶尖人才、技术生态、基础平台、标准规范等方面距离世界领先水平还存在明显的差距。例如，尽管我国在许多人工智能应用领域取得了重要进展，但在一些核心技术方面，如深度学习和芯片设计，仍然与世界领先国家存在一定的差距。

展望发展前景，随着政府、企业和学术界的不断努力，我国有望在人工智能领域继续取得突破性进展，并在全球竞争中发挥重要作用。我国发展人工智能具有市场规模、应用场景、数据资源、人力资源、智能手机普及、资金投入、国家政策支持等多方面的综合优势，人工智能发展前景看好。国务院发布的《新一代人工智能发展规划》提出，我国到 2030 年人工智能核心产业规模超过 1 万亿元，带动相关产业规模超过 10 万亿元。

当前，我国正处于人工智能发展的关键历史时刻，这是一个巨大的机遇期。在全球范围内，人工智能正在蓬勃发展，我国不仅积极响应，还在引领人工智能时代的道路上迅速前行。

5.3.3 人工智能与设计师的协同工作原则

在人工智能潮流中，设计师面临多重任务和挑战。我们需要根据国情和产业发展需求，制定符合自身特点的人工智能战略，推动设计创新和应用，不断壮大我国的人工智能产业。我国有悠久的历史和文化传统，我们可以将文化传统与现代人工智能相结合，创造出具有独特魅力和深刻内涵的智能应用。同时，我们也要加强国际文化交流，以促进不同文化间的互相借鉴。

1. 人机互补，在"有"与"无"之间寻找平衡

《道德经》提出："天下万物生于有，有生于无。"人工智能的强项在于处理已知领域，它能够快速分析海量数据，生成符合逻辑的方案，而设计师的核心价值在于探索未知。例如，特斯拉设计团队在 Cybertruck 车型研发中，突破人工智能生成的流线型框架方案，创造出颠覆性的几何形态，这正是人类直觉与冒险精神的体现。

人类与人工智能的协同应遵循"人工智能做填空题，人类做应用题"的分工逻辑。例如，家居设计师可以利用人工智能分析全球用户的空间布局偏好，生成 80% 的基础方案；设计师则专注剩余 20% 的文化适配与情感化设计。这种互补模式既保证了设计效率，又守护了设计的温度与独特性。

2. 持续进化：构建动态升级的能力体系

当前，设计师的竞争力不再局限于专业技能，而是转变为"驾驭技术进化的元能力"。Adobe 推出的工具 Firefly 已经实现将文字生成矢量图形，而优秀的设计师需要先掌握工具操作（如用人工智能生成 10 种标志草案），再建立判断标准（筛选符合品牌调性的方案），随后创造新范式，进而实现从传统设计师到智能设计师的进化。

这种进化还需要建立"技术—人文"双螺旋知识结构，设计师既能运用人工智能生成概念草图，又能像深泽直人设计 CD 播放器那样，捕捉到"拉绳开关"的情感记忆。

3. 批判思考：在追问中建立认知防火墙

面对人工智能生成的结果，设计师需要保持"谨慎的开放性"。

例如，当人工智能输出一组包装设计方案时，设计师要学会进行持续追问：

第一，数据层（训练集是否包含小众文化符号）。

第二，逻辑层（色彩搭配是否符合认知心理学规律）。

第三，伦理层（材料建议是否考虑环保供应链）。

第四，价值层（设计语言是否传递品牌核心主张）。

国际设计咨询公司 IDEO 开发了一套"人工智能验证沙盒"：首先，用 ChatGPT 生成 100

个智能手表交互方案。其次，通过"5W2H 分析法"溯源设计逻辑，发现 63% 的方案存在"过度依赖触摸屏"的路径依赖。最后，结合机械旋钮的触觉反馈优势，创造出更符合驾驶场景的操作系统。

在人类社会从工业文明向智能文明跃迁的历史性时刻，我国正站在技术创新与文明重构的交汇点上。过去两个世纪，我们以学习者姿态汲取工业革命成果，建立起全球最完整的制造业体系；如今面对智能时代的星辰大海，我们既要保持谦逊开放的胸襟，又要展现引领变革的担当。这场深刻变革不仅关乎技术突破本身，更涉及如何让科技创新真正服务于人民福祉、如何构建符合东方智慧的智能伦理体系、如何以数字纽带推动人类文明共同进步。

站在文明演进的高度，我国在智能时代的探索具有双重使命：既要攻克技术难关，打造自主可控的人工智能产业链，又要创造人机共生的新文明形态。设计师通过对产品设计的创新实践，既是对"以人民为中心"发展思想的时代诠释，又为全球智能社会演进提供了兼具效率与温度的中国方案。

思考题

1. 未来人工智能与设计师的合作模式将如何演变？设计师应该如何定位自身的角色？
2. 人工智能在工业设计中可能引发哪些社会问题？设计师应该如何应对？

后　记

在人工智能日新月异的当下，编写一本立足当下的教材，既充满挑战，又要保持清醒。自作者动笔写作本书至今，GPT 模型已经从 4.0 迭代至 5.0，Stable Diffusion 的生成精度提升了三倍有余，而 Sora 的问世重新定义了视觉叙事的边界。面对迅猛发展的技术浪潮，我们选择以"授人以渔"为写作本书的核心原则——与其追逐瞬息万变的技术参数，不如聚焦设计思维的底层逻辑、人机合作的方法论框架，以及人们在实践探索中形成的鲜活案例。

本书的完成得益于多方力量的共同托举。山东大学高质量教材出版基金和电子工业出版社的帮助为本书提供了保障，编写团队的三位教师历经 18 个月的系统梳理，反复推敲每个章节的知识颗粒度；山东大学设计学 2022 级研究生以及产品设计专业 2020 级、2021 级同学为本书贡献了上百个真实项目文档；特别感谢高云帆、张子杰、王艳、曹琪月、杨树、单宇鑫、杨子洁等同学对本书的辛勤付出。

作为国内首部聚焦"人工智能＋设计"的立体化教材，我们深知书中仍然存在诸多遗憾：部分技术解析已经落后于产业最新进展，跨文化设计案例的覆盖维度有待拓展，实践模块的硬件适配方案仍然需完善。在后续修订中，我们将建立动态在线平台，开设读者反馈通道，期待与各位读者共同完善这本永远处于"测试版"的教材，在技术与人文的交响中续写智能时代的设计篇章。

2025 年 2 月